清贫思想

［日］中野孝次 著

邵宇达 译

中国青年出版社

再版序

《清贫思想》一书中文翻译版自 1997 年出版后，受到了读者及媒体的热情赞誉，诸如《读者》等杂志，对文章进行了长篇刊载和详尽的评点，大家对书中所论观点热切讨论，对其中的现实意义有着充分肯定。很多人认为，放弃奢华，摆脱物欲，让心灵悠行于平和自由之境，主动放弃多余的物质追求，才能在简单中体验心灵的丰盈和充实，诚如文中"若知足，虽贫亦可名富，有财而多欲，则实为贫"。

清贫思想意味着一颗安静的心灵，面对欲望享受，尽管纷繁复杂，只要坐拥自我，世界便归于宁静。清者，更多意味着纯洁和通透，而贫者，它的意义不在于缺乏和缺失，更强调简洁和干净，恰到好处。清贫，不是要过一种贫穷的生活，而是追求不为所羁的心灵自由。清贫，是一种思想上的反思和解脱，是灵魂上一把自我检验的利剑，是我们实现人生观质的飞跃的苦口良药。清贫，意味着放弃，意味着诚实，意味着对大自然的尊重。

改革开放以来，国民大众鼓着劲地一心一意奔小康，一切以物质追求为重，极大地忽略了精神文化的追求，加上"文革"时期全社会对传统伦理道德的毁灭性破坏，因而在精神文明方面已经形成了一个巨大的黑洞，原本天经地义的好人好事成了媒体力挺的珍贵事迹，而一夜暴富的投机客和奸商却成为了全社会力捧的标杆人物。不要提"魏晋风度""竹林七贤"，当今中国，连唐宋时期的士子风采，也已经消失得无影无踪。试看今日风流人物，哪有半点"风流"可言？ 成功的定义就是如何取得物质上的巨大成就，作为一个具有几千年文化传统的文明古国，悲哉！危哉！

如果一个国家、一个民族，仅仅把物质追求放在首位，而忽略了精神文明的建设，那么在可见的将来，这个国家和民族将遭遇到极其巨大的危机。"清贫思想"不是对当今物质至上的全面消剿，但可以是抵御社会浮躁虚华、道德泛滥的坚强堤坝。作为一种精神文明建设和文化修养的有力补充，是其时也，恰其时也。

邵宇达

2014 年 10 月 30 日于上海

译　序

　　1992年9月，中野孝次的《清贫思想》一经问世，立即在日本形成了一股阅读热潮。好几个月在十大畅销书排行榜上蝉联榜首，更保持榜上有名达两三年之久。这样一本有关传统文化、人生哲学的书，在物质至上的社会如此畅销，实在是一个奇迹，这不能不引起我极大的好奇。

　　一读之下，不禁立刻为之吸引。几乎不觉得是在看一本外国人写的书，书中写的一切，是那么亲切、熟悉，又别有寄托，回味无穷。它像一股清流，潺潺流入心胸，使我精神为之一振。我认为看到一本好书而忍着不介绍给朋友，是一件不应该的事，所以不揣浅薄，用四个月的时间将它翻译成了中文。其间虽然遇到了预想不到的一些困难，但毕竟还是完成了。现在看着厚厚的译稿，我心里感到说不出的高兴。

　　日本崇尚外来文化，善于吸收、拿来，形成了多种格局的日本文化。既有纯西方的文明，又有纯东方的文明。我在日本留学的时候就注意到，他们在"衣"的方面，既有笔挺的西装、各种新潮时装，又有传统的和服;在"食"的方面,既有西式餐厅,也有日本式的"料理屋",当然也少不了"中华料理";在"住"的方面,往往一幢房子里,既有睡榻榻米的"和室",也有用家具的"洋室";在音乐上,与欧美同步的流行音乐和日本传统的"演歌"各显神通,交相辉映……

日本的物质文明高度发达,物质的富裕程度是相当惊人的,然而对于一个中国人,给我留下深刻印象的是,在那繁华的主旋律之下的一种"和声"——崇尚简单、质朴、含蓄、纯净的审美原则。茶室里的清悠淡雅的水墨画、看似漫不经心的三两枝插花、用虔诚的态度欣赏一个古朴的茶碗、完全用原木修建成的寺院、石头砌成的水槽和饮水的长柄竹勺、白色细沙铺就的园中小径……我们的祖先创造并生活其中的境界,我们只能在古典文学中领略的美,在日本达到了某种极致,而且保存至今。

读完《清贫思想》,我不禁想:这也许就是那种优良的文化传统在生活中的具体体现吧?

那么究竟什么是"清贫思想"?富裕的日本人为什么会喜欢这本书?

表面上看现在向中国的读者介绍这本书未免不合时宜——整个国家正在经济腾飞,所有家庭都在争取小康、富裕,大多数人致富唯恐不及,生财之道、股票、房产才是常谈常新的热门话题。为什么要关心思想——何况是"清贫"的思想?

先让我们来看一看《清贫思想》是一本怎样的书,也许有关的疑问就会迎刃而解、不言自明。

中野孝次在序言里开门见山地说:虽然由于经济发展与产品大量出口,日本人在国际上引人注意,但许多国家的人对日本人的印象都不好,认为他们"仅仅是制造物品并且把它们贩卖出去的人"(有趣的是，1996年日本民意调查也显示，超过50%的日本国民都感觉到遭人"憎恨"——译者）。而中野孝次认为，虽然今天的许多日本人沉湎于物质与金钱，但日本也有重视自己心灵的文化传统，而那才是日本最值得夸耀的文化。所以，每次应邀演讲，他都以"日本文化的一个侧面"为题，向外国人介绍这种他引以为骄傲的文化传统。

他由日本历史上一些古典人物谈起，他们分别是写作俳句、和歌的文人、僧人、画家、旅行者、隐士，都是日本家喻户晓的名人：西行、兼好、光悦、芭蕉、池大雅、良宽等。他们的思想有一个共同之处：认为生活应尽量简朴，摆脱物欲缠绕，让心灵悠游于平和自由之境，那才是一个人最高尚的生存境界。在这里，所谓"清贫"绝不是"贫穷"，而是主动放弃多余的物质追求，在简单、朴素之中体验心灵的丰盈充实，追求广阔的精神空间以及"风雅"之境。

书中阐述的清贫思想主要包括以下几方面：

一、抛弃繁华，远离物质享受，追求简朴生活。

二、以贪婪为耻，厌恶通过贪婪敛财而致富。

三、尊重心灵的内在规律，不压抑自然的感情。

四、追求"风雅"——内心充实与人格完善。

五、热爱自然，强调与自然的和谐、感应。

六、重新审视人的真正需要，选择适合自己的生活方式。

全书的中心思想，如果一言以蔽之，可以说就是其中反复提到的——

"若知足，虽贫亦可名为富；有财而多欲，则名之为贫。"（见本书第4章，语出《往生要集》）

这实在是值得再三体会、玩味的一句话，是作者身处物欲横流的社会中发出的醒世良言、喻世明言，实在如晨钟暮鼓，发人深省。

当然，作者也清醒而无奈地看到了日本的现实，他在认为"清贫思想""仍然为我们这个民族所继承，对抗着物质万能的社会风潮"的同时，不无痛切地指出"但这已不是现在日本社会的主流思想了，因此我才心怀顾虑地称之为一个侧面"。

日本的现实情况究竟如何呢？恐怕与作者所推崇的日本文化的优良传统相去甚远。由于日本经济模式的成功，自负的满足将日本人引上了唯财富、唯物质的道路，忽略精神世界的追求使许多人自私、冷漠、缺乏正义感和道义的激情，社会问题严重。到了陷入困境的今天，物价高昂、银行不稳、股市下滑、就业困难，日本模式回天乏力，再难重现"世界经济楷模"的风采。与此同时，日本夫妇分居、家庭内离婚、无性婚姻等现象日益普遍，过劳死、自杀、青少年受虐待等统计数字居高不下，成年人和儿童一样沉溺于庸俗的漫画、电子游戏，年青一代狂热追求名牌服饰及高级用品，亲情淡漠，对前途茫然……都比本书中提到的情况有所发展。至于"奥姆真理教"那样的邪教的出现和沙林毒气事件，更使习惯于良好治安环境的日本人陷入空前的人人自危，失去了安全感。这一切的发生，令人震惊，同时也引人深思。

仅仅靠物质的丰富与物质文明的发达，并不能使人类得到幸福。相反，忽视人的心灵需要，会导致人的"异化"——人不再是原来意义上的人，而成了"消费者"。正如书中所说：

可是，欲无止境，一个阶段的目标实现之后，更新的目标层出不穷。街上充斥着刺激人购买欲的广告，钢琴、音响、汽车，还有漂亮的住宅，似乎都唾手可得。从此，我们被欲望彻底地俘虏，在称呼上也已不再是平凡意义上的人，而是成为了一群"消费者"。

"记不真切这个奇妙的词汇究竟源于何处，但"消费者"这个轻视人的说法似乎起源于1956年，以经济成长为国家最高目标的时期，一个大量生产大量消费的时代开始了。所有的国民一夜间都成为大生产运动中的终结一环——消费者。人们根本没有冷静思考的余地，去选择人的真正需要。（见本书第23章）

生产并不只是为了人的幸福，却不断高速运转，物质财富大量堆积，人们陷于物欲不能自拔，最终导致在物质丰富的同时心灵的沙漠化；在物质文明发达的同时，人的感情生活环境非人性化。人们不但没有登上幸福的彼岸，而且似乎连渡水的舟筏也失去了。

日本人也深切感受到了这一点，他们也急切地希望找到一剂治疗这些社会痼疾的良方——大概这才是《清贫思想》在日本风行的社会基础和重要原因。如果仅仅是空谈哲理，或者"发思古之幽情"，繁忙而务实的日本人是不会对它如此青睐的。

说到这里，也许敏感的读者会问：这是《清贫思想》对日本的现实意义，对我们中国有什么意义呢？这就回到前面提到的：我们今天为什么要读这本书，要关心这种与生财之道背道而驰的思想呢？

理由很简单：前车之覆，后车之鉴。日本在经济发展方面的经验固然值得我们学习，他们经济模式中的缺陷也值得我们引以为戒，他们在思想精神方面的问题与思考、用传统文化中的精华来对抗现代社会物质化倾向的尝试，都是很值得我们注意、吸取，并作为参照系的。虽然我们现在经济建设尚未达到繁荣，但是一些伴随经济腾飞产生的社会问题、心理问题已初露端倪。中国人忙起来了，机会多起来了，甚至一部分也富起来了，但是，中国人幸福起来了吗？心理平衡、内心充实、平和务实的人，多起来了吗？我们的社会风气、国民素质、精神境界达到应有的水准了吗？……未雨绸缪，我们应该从别国的情况中吸取的教训其用心是深刻的。

"他山之石，可以攻玉。"作为东方人，在先进科学技术、管理方法上也许可以大量借鉴西方的成果与经验，但是在寻求内心平衡、谋求精神满足这些与终极目标有关的领域，我们却似乎难以从西方文明中获得足够的帮助。而和我们有着特殊历史渊源、一衣带水的日本，却和我们有诸多共通之处。也许在寻求一条东方的文明道路的时候，更易于互相借鉴。

需要指出的是，作者将"清贫思想"作为日本文化的一个侧面向外国介绍，表现了一个学者对本国传统文化的珍视、弘扬，值得尊敬。但作为一个中国人却别有一番滋味：虽然作者在赞美那些日本文人时也提到中国文化，但没有指出其渊源关系，甚至给人两者并列的感觉。于是觉得有些众所周知的事实还是有重新强调的必要，免得对年轻读者有所误导，也愧对我们的祖先。

所谓"清贫思想"，无论作为一种人生哲学还是一种美学原则，在中国传统文化中都有其悠久而清晰的脉络，不仅比日本古老许多，而且可以说是日本的源头所在。孔子曾感叹地称赞他的学生颜回:"一箪食,一瓢饮,在陋巷,人不堪其忧,回也不改其乐。"(见《论语·雍也》),这难道不是有关"清贫"的古老记录吗?至于不为五斗米折腰,回归田园,"采菊东篱下,悠然见南山"的陶渊明,不是实践"清贫"的典范吗?更不用说唐宋时期中国文人士大夫中盛行的"幽深清远的林下风流"的人生哲学与审美情趣,无不是自然淡泊、清净适意,可作"清贫""风雅"的绝妙注解。而《清贫思想》中主要人物大都生活在16世纪,比唐宋时代也晚了几百年,而这时他们的"遣唐使"早已将中国的文字和书籍带回日本了。

至于在中国妇孺皆知的"君子固穷"等格言名言更是举不胜举,有关的名人故事以小学课文和民间传说的方式流传不息。说明这种传统在中国的流传不仅悠久而且广泛。

更有力的证据是,"清贫思想"的哲学基础和理论支柱主要是禅宗,书中所涉及的人物逸事、诗词,处处可见佛教尤其是禅宗的影响。而禅宗正是从中国传入日本的。

所以,介绍《清贫思想》,与其说是在介绍日本文化,不如说是在介绍中国文化,是一种在我们国度中生根、抽枝、墙外开花的文化。我们完全没有理由盲目崇外、妄自菲薄。当然,在对照日本善于学习、融合外国文化的同时,我们也感到自己在重视、宣传本国传统文化上有些滞后。

还有一些翻译时"技术"上的问题,也想稍作说明。

首先,这本书是由演讲稿汇集、改写而成,不是字字珠玑的文学经典著作,故而我以传达思想内容为目的,有些地方做了顺序上的调整，表达上也不拘泥于一字一句的落实，力求做到清新、生动、流畅。

其次，日语表达有委婉含蓄的特点，加上作者对有些问题反复强调，有些章节稍有重复拖沓之感。为了方便读者的阅读，在不影响对原文的理解基础上，做了一些删繁就简的变动。

最后，和歌、俳句由于它的精深微妙，一向是翻译上的难点，为行家所共知。作为新手，自知难以胜任。现在书中有关的和歌、俳句及日本古代典籍的引文，基本采用台湾大学日本史专家李永炽教授的译本，特此声明并致敬意。

我曾经在日本生活过三年，翻译过程中我感到在那里的生活对我理解原作很有帮助，不禁再一次觉得人生的体验似乎都不会白费。欣慰之余，愿将本书献给帮助过我的师长、朋友，以及我的亲人。

最后，借一位日本学者的话表达我的一个信念：

> 日本现在所走的基本上是美国文明的道路。但是，这条路不一定是人类唯一的文明道路。人类可能还有另外的文明道路，这条路应该既有高度发达的物质文明，又不使人的感情生活的环境"非人性化"。如果真有这样一条道路的话，日本是没有力量成为开拓者的，因为日本国家小，文化传统不深，"底气"不足。在当今世界上，唯有中国有可能开拓出这条新文明的道路来。（见梁策：《日本之谜》，贵州人民出版社，第224页）

邵宇达

1997年4月于上海

原　序

如果你现在去海外旅行，几乎每个国家都对日本以及日本人表示出极大的兴趣。当然，最首要的理由想必是由于汽车、家用电器、电子制品、钟表、照相机等日本制品的大量输出。从这些产品中可以了解到日本有相当发达的生产能力和工业技术。那么，制造这些产品的日本以及日本人究竟是怎样的呢？这该是由物及人引发出的好奇吧。事实上，我国政府在海外的自我宣传方面做得远远不够，才会产生这样的要求。

第二条理由正好与第一条相反，正是由于日本人大量去外国所致。日本游客去世界各国旅行观光的人数已经达到史无前例的程度。另外，各大企业长期的海外驻员也同样为数众多。从他们的言行中，外国人心怀疑惑地感到：这就是（生产那些精良制品的）日本人吗？这种疑问本身基本上都表示对日本人的不敢恭维（参阅本书第16章），具有讽刺意味的是这些疑问同样提高了对日本以及日本人的兴趣。日本人仅仅是制造物品并且贩卖出去的人吗？除此之外，他们有什么样的文化呢？

也许还有一些别的原因，但我所感受到的只有这两点，并且是对日本和日本人提出质疑的。

所以，每次应邀演讲，便决定都以"日本文化的一个侧面"为题。谈论内容基本上都是日本的古典人物——西行、兼好、光悦、芭蕉、池大雅、良宽等，从而引发出日本不仅只有沉湎于物品制造和一味崇拜金钱、追求现实的富贵荣华的人，也有重视自己心灵世界的文化传统。这种文化传统就像华兹华斯的诗句所说的那样："生活在地上，思想却在云端。"认为现实生活应当尽量简朴，而让心灵悠游于风雅的精神世界中，这才是一个人最高尚的生存境界。由此看当今的日本及日本人，也许不会感受到，但我坚信这才是日本最值得夸耀的文化。现在这种传统——可称为崇尚清贫的思想——仍然被我们这个民族所继承，对抗着物质万能的社会风潮。但这已不是现代日本社会的主流思想了，因此我才心怀顾虑地称之为一个侧面。实际上，我深信只有这些才是真正日本文化的精髓。让我一边吟唱古典的诗歌，一边陈述我对所谓"清贫传统"的思考吧。

以前在明治时期，有一本国粹主义杂志名字叫《日本及日本人》，而我这么一个在战争期间皇国主义式国粹主义支配下度过青少年时期的人，对国粹主义可谓是深恶痛绝，可是到了现在这把年纪，也同他们一样宣传起"日本与日本人"，真是讽刺啊。

在演讲的时候，总是粗略得很，很多次自己都觉得词不达意。有些想说的话却没有充分表达出来；还有些话题临到讲演时才发觉自己的认识也还不够充分。我感到不能单单停滞在为外国人做日本文化的向导上，即便为了自己，也必须对这些问题有一个正确的理解，加深认识。

有了这种想法以后，就想什么时候把这些话明确地写下来。心里这么想，却一直没有机会付诸实施。正在这种拖挨着的时候，偶然间草思社来约稿，让我把这些想法写成文章，虽说机会不错，还是耽搁着没有立即着手写。没想到今年（1992年）元旦，当我拿着笔面对着文稿纸想写点什么的时候，突然决定要把在心里积淀的这些观点全部写出来。出乎意料地，自此以后，索性将别的工作全部抛至一边，兴趣之高，连自己都吃惊不已。这在我是从来不曾有过的经历。

人物部分共有15章，记述的是我最近演讲时所讲的内容或者讲述不足的地方——虽然在日本，是读书人众所周知的事情，没什么新鲜感，但由于讲述的对象是外国人，我还是将这些写了下来。

以这15章中的故事作为材料，究竟想要表达一些怎样的思想呢？我在其后部分中阐述了我自己的观点，当然，这是本书的重点所在。我希望能表达得完美达意，为此也许有稍加美化的倾向，但这确实是我衷心祈望的。

现在，地球的环境保护啦、生态学啦、简朴生活等一些词，常作为时髦被人们挂在嘴边。我认为从我们的文化传统来说，是理所当然的。个中道理简直可说是不言自明的。我们的先人早已这样生活在与自然一体的共存中了。大量生产、大量消费社会的出现和资源的浪费，是其他文明原理带来的恶果。如果据此文明引起现在的人类生存环境的恶化，那么，我想与此对应的一个全新的社会文明原理,应该诞生于我们祖先早已创立的这一文化——清贫思想。

如果你认为这不过是一介书生的梦想,那你尽管嗤笑去吧。事实上,我正是怀着这种梦幻般美好的愿望说着这些话。

目录

I

一　这样的茶罐就该三十枚金币　　　　　　　　1
二　像那样的人家被火烧了才好　　　　　　　　9
三　您收藏的是一把废刀　　　　　　　　　　　19
四　六尺草庵，悠闲无惧　　　　　　　　　　　27
五　袋里有米，炉边有柴，还要什么　　　　　　35
六　谁能听见无弦琴　　　　　　　　　　　　　47
七　我只想要您领地上的一枝竹子　　　　　　　53
八　绑鞋带时的一滴眼泪　　　　　　　　　　　61
九　买书钱不够，那就捐了吧　　　　　　　　　69
十　我画画是为了自己高兴　　　　　　　　　　79
十一　我家也在积雪中　　　　　　　　　　　　87
十二　芜青是草，不该把它当花看　　　　　　　95

十三	潮水瞬间淹没了沙石	107
十四	青蛙扑通一声跳进水塘里	119
十五	青叶嫩叶,何等尊贵	129

II

十六	被物质所控制,何其愚蠢	137
十七	清贫是什么	145
十八	为花的美无端心痛	157
十九	"花在墙角"与"墙角有花"	167
二十	愉悦的表情	177
二十一	一清至骨	187
二十二	美在清贫	195
二十三	人的需要并不多	203
二十四	重构一种生活方式	211

一 这样的茶罐就该三十枚金币

首先让我们从本阿弥光悦（1558—1637）的逸事开始吧。

现在光悦为人们所熟知的是他的书法、黑乐赤乐的茶碗（黑乐是在茶碗的质土上涂上黑色釉，赤乐则是施上红彩再覆釉）和船桥的漆器上的泥金画。其实他一生中最喜爱的是茶道，在当时也是以茶道家而闻名。对光悦非常了解的文人灰屋绍益（1610—1691）评价说：自从丰臣秀吉时代著名的茶道集大成者千利休死后，当今最谙此道的人恐怕无人能出太虚庵的光悦之右了。不过光悦对茶道的看法不仅与千利休有分歧，对千利休的观点还进行了极大的批判。但他年轻时，也同样沉迷于器皿。这则逸事讲的就是他对器皿的执迷。

光悦年轻时，有一次看见小袖屋的宗是所拥有的濑户肩冲的那把有小把手的陶制茶罐，顿时被吸引住了。从此朝思暮想着无论如何也要得到它。但它标价昂贵，要金币三十枚。换算成现代货币的话，简直就是天价，可以称得上是一笔巨款了。光悦没有这笔钱，但心里想得到这把茶罐的冲动却越来越强烈，以至于茶饭不思。

看到光悦竟然沉迷到这种程度，宗是也被感动了。他把光悦找来，告诉光悦，他愿意将这把茶罐减价出让给他，光悦断然拒绝了他的好意。

这把濑户肩冲的茶罐是天下罕有的珍宝，就是该值金币三十枚。减价，无疑是贬损了它的价值。光悦这么想。

于是他将自己的庄园卖了，换金币十枚；又千方百计地筹借了二十枚，分文不少地以最先谈定的价格买下了它。

那个时代，正是器皿流行、茶具至上的年代。连织田信长和丰臣秀吉都非常信奉此道，甚至常以茶具代替金银或食邑封地来赏赐手下人。千利休曾奉劝世人说，即便是一件人人欲得的天下至宝，亦把它当作一件寻常器物来日常使用的好。

光悦同样想把他得意的新茶罐与同好一起赏玩，于是他在这茶罐中装上好茶，带去给前田公爵看看。

本阿弥家族原先是以研磨和鉴赏刀剑为业的世家，在这方面可称得上天下一品，因此世代都和很多大名（诸侯）的渊源极深，特别是从光悦的父辈开始，从前田家取得禄米，光悦与前田的手下人关系也相当熟稔，所以光悦也就放心地拿着自己的挚爱之物去前田家。

前田家也是世世代代醉心于茶道的家族，见到光悦拿着这么一把茶罐来进茶，爵爷很高兴，赞赏不已。

见爵爷心情好，光悦正兴高采烈地要回家的时候，横山山城守等一群臣僚叫住他，拿出爵爷的手谕给他看，说爵爷非常喜欢这把茶罐，愿出银币三百枚。光悦闻言掉头就走，听任众人纷纷斥责他忘恩负义。他想，虽然这些年从前田家取得禄米，但今天我却是言明带来给爵爷看的，并不想转让。

傍晚回到母亲家，他把白天发生的事一件件地说给母亲听，当说到临回家前众臣僚传达爵爷的话，赐给银币三百枚的时候，母亲妙秀大急，问："你拿了那银子吗？"光悦急忙说没有，并把自己的想法告诉她，妙秀这才长嘘了一口气，非常高兴地说："回答得好，拿了那银子的话，再好的珍品也成了一件俗物，你这一生也就无法再领略茶道的妙处了，答得好。"

此事见载于《本阿弥行状记》一书，妙秀和光悦的形象栩栩如生，读了真叫人心里痛快。所谓物有所值，只要是真正的宝物，便不能降格以求；而且，茶具这种物品一旦可以谈斤论价，便已成了俗物，无法再从中得到真趣了。从这个故事中我们可以看到，本阿弥家族虽是商贾之家，却高度重视自我本心的内在律动，并没有一味地拘泥金钱。

光悦拒绝宗是降价转售的好意，情愿卖庄园维持原价收买的传言立即在整个京都传得沸沸扬扬，极大多数人都嘲笑道：真是个大傻瓜，令人不可思议的愚蠢的行为。据说只有德川家康一人闻言微微一笑，家康对光悦的行为并不为怪，反而颇有赞赏之意。

从濑户肩冲茶罐的故事中可以看到，光悦年轻时曾是多么地执迷于器物。但随着年龄渐长，光悦改变了这种思想。灰屋绍益自幼在光悦身边长大，深得光悦眷顾，据他所写的《赈草》中记载：

用此肩冲茶罐亲手点茶，平生所乐尔，虽有人人欲得之珍物，然为其毁弃、被盗，日夜忧心。凡人无不为此所拘者。遂悉数赠予他人。

越是名品、珍品，就越是在心里患得患失，而心里的平静为这些物品搅乱之后，就再也不肯割舍，只想着拥有了。于是光悦便把这些人人欲得之物悉数送人，自己只用最粗鄙的茶具品茶，以保持心灵的平静、安宁。

绍益在《赈草》中又说：

> 光悦至死不谙尘俗生活，自幼不聘理财货之人，亦不备称金之器。至于金银，除往昔加贺前田亲赐外，手未尝沾此黄白之物。

真是令人难以置信，生于富商巨贾之家，却终生不知凡俗生活，家里没有管账的师爷，连算钱的算盘和称金银的秤都没有。除了加贺藩前田亲手赏赐之外，平生从来没有用手去沾过金钱。我们相信绍益说的是真实的，历史上的光悦君就是这样一位彻底摒弃凡俗生活的人物。

我在少年时代从吉川英治的《宫本武藏》一书中第一次见到光悦，以后便一直认为画中那个肥胖、面目威仪的人就是光悦的真实形象。实际上光悦不求广厦美宅，亦不曾长居一处，纵然狭小粗陋之处，只要能辟出两至三张榻榻米大小的小地方，可以享受茶道的真趣就行了。

《本阿弥行状记》中这样描述光悦的生活状况：

> 光悦奇闻逸事虽多，然自二十岁始，八十殁，唯粗使者一人，火头一人尔。

从这里我们了解到，只有一个仆人、一名厨师侍候的光悦的生活与吉川英治所描绘的优养在深宅大院中的富商形象实在是大相径庭。光悦源于崇尚简朴的思想，自己选择了这种生活方式，并不是本阿弥家族供养不起。

只要条件允许，谁不愿广厦美宅、陈设考究的排场，仆从如云、一呼百诺地生活呢？本阿弥家可算豪门，光悦却宁愿舍弃这些，去过一种简朴的生活。他把精神放在首位，抑制了种种人之常情的享乐欲望。

这究竟是怎样一种思想呢？

二

像那样的人家被火烧了才好

了解了光悦的人生观之后，我们还有必要了解他的母亲妙秀。

《本阿弥行状记》书中的最初部分记载了十三则有关妙秀的逸闻。每一则都很有趣。在其丈夫光二因受别人谗言而遭织田信长贬斥时，她拉住信长外出狩猎的缰绳，为其夫申辩无辜；或当石川五右卫门潜入本阿弥家的库房，将里面所有的武将寄放的名刀盗走时，她不仅毫不悲伤，相反可怜那盗贼可能会被抓住，如此等等。我们在这儿只谈论妙秀关于贫富问题独特的思考方法，妙秀最嫌恶的莫过于由于贪婪而致富的行为。

据词典上对贪婪的解释：贪得无厌，无节制地爱财。也就是说，只要实现自我的欲望，他人的生死是可以一概置之脑后的。即使现代，贪婪者也远比共存共荣者人数为多。在那战国乱世行将落幕的时代，由于经商而致暴富的人特别多。钱庄啦、酒店啦、寺院啦，而其中经营当铺，以抵押物品而借贷金银的高利贷商人为数最众。

这当中有关妙秀的一则传闻，说的是当京都大火蔓延近她女婿家时她的反应，很能展示妙秀的性格：

当被派去探察火情的使女回来报告说,大火已经燃近妙秀女婿家仓库时,妙秀不仅不急,反而拊掌大笑:"太高兴了,太高兴了!"光悦闻声赶来,责备其母亲道:"您在这儿大声嚷嚷的,会被别人听见的呀。"妙秀这样回答:"就是嘛,他们家祖上就没有一点慈悲心,是相当贪婪的人家。借贷给人金钱,一定要以超额的物品抵押才行。当借贷者好不容易筹齐款子来赎回物品的时候,又谎称由于过了限期已将物品转卖出去了。这物品的主人,本想把物品高价出售,回去供养妻儿老小的。他筹齐了款子,东西却还是被褫夺了,该是多么困苦呀。用那么狠毒的手段夺来的他人的财物,因为想再高价出售以谋暴利,现在都堆藏在那仓库里,本来我就在心里暗暗痛苦,像那样罪孽深重的财物是会带来无妄之灾的啊,所以我现在一听到将为火焚,忍不住地脱口说'太高兴了',请你原谅。"

从言语中可以看出,妙秀的女婿家也是经营典当行业的高利贷商人,当大火烧至他家仓库时,妙秀拊掌大笑,可见妙秀对其恶劣的家风是多么深恶痛绝,妙秀对生活中的贪婪小人是多么厌恶。

妙秀不仅对由于贪婪而得到富贵的小人深恶痛绝,由此对富贵者是否因为贪婪而得到财富也产生怀疑,她认为,在这贫富悬殊的社会,富贵本身就意味着一种罪恶。当族人在决定婚事时,她就特别讨厌娶有钱人家的媳妇。

她告诫年轻人说:贪图富贵的婚姻是得不到幸福的,这不仅损害你的人际关系,同时使人堕落。只有光顾着眼前利益的短视者,才会只盯着富贵荣华。

妙秀最为看重的莫过于人的精神世界。如果有一对夫妇,生活上贫寒穷困,但他们彼此相爱,妙秀就会说:"他们可一点也不穷啊。"有钱人家的长辈死了之后,兄弟阋墙,为争遗产你抢我夺的事情时有所闻,而贫困的家庭里这种事就很少发生。人生的幸福并不取决于富贵还是贫困,实在是由人的精神世界来决定的。

  从语录上看,妙秀认为,比较因贫困引起的不幸,富贵带来的对人心的毒害更严重。虽然穷困而依然维持着人格尊严的,比为富不仁而失去人的本性要好得多。

  在那战乱结束不久的年代,百姓们衣不蔽体,依然过着食不果腹的日子时,如果某一个家族突然暴富,那一定是做了什么违反人情的事情。狄更斯就曾说,19世纪初期资本主义时代的资本家大多是刻薄无情的人。至于现代,同样,那些富裕繁荣,有贸易盈余的国家,不也都建立在剥削贫穷国家的基础上吗?在大多数贫困国家当中,如果仅有一国富裕起来,即便法律允许,可以肯定潜藏着许多不近情理的东西。本阿弥家族是和茶室、后藤、角仓家族齐名的京都巨商,妙秀当然有很多机会了解新兴资本家这一类非人道的事例。因而她极为憎恶那些一味崇尚金钱而变得面目全非的小人。

  据灰屋绍益的《赈草》中记载,光悦曾经在毫不知情的情形下与一些贪婪无情的商人过从甚密。

  当时在京都,有一个无人不知的商人,家境富足,是个人丁兴旺的大家族。传言他就是在当权者面前也决不卑躬屈膝,京都的商家都认为他是条堂堂正正的汉子。

  这人比光悦年轻,自幼年起,就很崇拜光悦,又很喜好吟风弄月的风雅之道。所以光悦在他六十岁前跟他非常亲近。

有一年除夕，光悦信步走近这户人家，只见从门口一直到庭院的里面站满了人，空气中洋溢着一股股险恶的杀气。光悦惊愕不已，茫然地站在门口不知所措。这时主人出来招呼，光悦讷讷地竟说不出话来了。正在主人令仆人备酒招待时，从房内走出一个和光悦熟识的和尚，光悦赶紧把他拉到一旁，悄声问道："他家里发生了什么事？这些年来从没想到会有这种情况，可不是要出什么大事情吧？"

和尚嘿嘿笑道："这么一大帮人站在那里，受惊了吧？每年这个时节都会发生这样的事的，可以说是他们家的传统节目了。"

光悦听了不明所以，一迭声地追问他。和尚这才言明道："像您这样有德行的人当然想象不到的，这里面可大有名堂哪。每年年终，一定要到除夕将近的时候，才把这些佃户和雇农召集起来，这样一次性付钱给这么多的人，从中就有许多水分，即使他们心里明白，但由于急着要回家过年，也只好接受。"

听了这话光悦脸色大变，对赶过来招呼的主人一言不发，拂袖而去。

此后，这个人在过年时来给光悦拜年，光悦拒不见面；来信不拆封就退回；连这户人家附近也不肯再走近。

在与家里人一起饮茶时，光悦这么说道："我和那家伙来往了已有四十多年了，我心里真是感到羞耻，竟然没有看出他竟是这副德行的人。没有人是不预先准备着迎接新年的到来的，把钱一直拖到除夕夜半才发放的事情，简直不是人干的，做那样事情的人是一定会遭到老天爷报应的。"

从绍益特别将此事详细地记录下来，可以看出光悦对此事的感触之深，和由此所受的冲击。当时的富户都知道利用诸如此类的手段从中得利。在墨西哥和菲律宾,即使今天,那些庄园主仍然在用这种手段盘剥工人,从古至今,如出一辙。光悦和那个人来往了四十多年都没有看出他的真正面目,正是因为此人巧妙地披着一件上流人士风雅的外套的缘故。

肯定是受到这类事例的影响,妙秀一谈论起富人,便会对其品行产生怀疑。劳动者终其一生,拼命工作,尚且不能摆脱贫困,而富人却坐获其利,当然令人对他们的品德产生怀疑。看看今日世界上的这些政治家吧,就会明白这种不公平的事绝不是光悦和妙秀他们的年代所仅有。

身处那种时代的妙秀是怎样的心境呢?

一、贫穷并不可怕,相反富贵反而令人担心成为有德之士的障碍。

二、贪图财物的婚姻,为祸不远。

三、决不应视金银如至宝。

四、不管多么贫困,夫妻和睦是最重要的。

这是她待人处事的基本准则。

这些活生生地反映妙秀人生观的话,出自《本阿弥行状记》中与妙秀有关的最后一部分,就让我们用现代人的观点分析一下。

妙秀作为本阿弥家族中德高望重的长辈,那些后生小辈又敬重她的人品,因此,无论是谁,每次去探望她都会带上许多乡间的土特产或者衣服什么的去孝敬她,但妙秀得到这些东西后便会立即分裁成许多腰带、领子、头巾、护手、方绸巾之类的小东西,分送给左邻右舍。

如果是送她贵重的和服,就会说不如直接送钱更令她高兴。得了钱之后,妙秀便会给有家室的人家送去扫帚、簸箕、打火箱、火筷、硫黄、竹刷,为仆人和轿夫置办鞋袜,送给他们的女人丝、棉、鼻纸和手巾,或者将街上的乞丐和贫穷者召集来,送给他们一种用厚纸拍成的防寒物品。

妙秀享年九十,但她身后,只有一件唐岛单衣、两件麻布夹衣、一件浴衣、一件纸睡衣、一床木棉被褥和布的枕头,无一长物。

我喜欢这个故事,至今一有机会就会引用这个故事。妙秀的所作所为不能简单地看成是她的慈善心,她无疑是对大多数人穷困而极少数人由贪婪而致富贵的现实极为不满,对此,妙秀是有她明确的人生哲学的。

第一,妙秀一定清醒地反省过,人的生存,什么是必需的,什么是不需要的。每个人都想内心充实地生活,但是在住居、家具、衣服、食品以及其他生活方面,究竟需要什么才能得到满足,什么是不可或缺的呢?妙秀一定是在她深思熟虑之后,才会留给后人简朴到如此程度的生活痕迹。

此外,更有第二条理由。妙秀对"所有"这个问题,有着与常人迥然不同的独特思考。无论是谁,可能都会相信金钱越多就越幸福。其实没有比这更荒谬的了。正相反,拥有的财物愈多,心灵的自由也失去得愈多。

仔细想想就会明白其中的道理。

如果经营一座大宅邸,就需要很多人来管理,仅仅是为了维持,你就会终日劳心费神。如果你拥有许多奇珍异宝,你就会为其被毁坏,甚至被盗而日夜忧心。必须要有相当大的一笔钱,才能维持这种大宅邸的生活，由此你必须殚精竭虑地去筹措这笔钱。这真是愚不可及。人所拥有的越多，心灵的空间就越少。心灵成了物质的奴隶。

由此，如果愿过自在舒畅的生活，就必须舍弃物欲。人的心灵一旦从物欲中摆脱出来，会是多么丰饶富足啊。

妙秀正是这么想的。她的这种独特的想法，令人惊奇地与吉田兼好在《徒然草》中的思想不谋而合：

> 身死留财，智者不为。储蓄不佳之物，则不雅，贮佳善之物，则睹物思人，令人思之悲凄。身死而留众多财物，则使人皆生"舍吾谁得"之心。若愿死后遗赠财物与人，何不生前与之。
>
> 唯朝夕必备之物足矣。舍此，以无物为至善。（第一四〇段）

妙秀虽然没有读过《徒然草》，但她的思想却与14世纪初叶的兼好法师如此惊人相似。

人生在世，只要有生活必需之物就足够了，除此之外的任何东西都应该舍弃，才能成为真正意义上的自由人。人死留财，不是什么好事。而把那些无聊的绘画、古董、书籍、家具等遗留给后代的家伙，实在是没有头脑。继承人会为了争夺那些东西而展开血腥争斗："这些都是我的！"人去而留祸，非有智慧的人的作为，想给的东西，何不生前就送给他们。

妙秀的生活方式正是实践了她的人生观。她留给后代的，只有这种崇高洁净的思想。这是她真正的遗产。以后，她的思想成为了本阿弥家族的家训，成为本阿弥家族成员世世代代的生活规范。

三 您收藏的是一把废刀

一种思想，在一个时期不仅仅局限于单个人的生活方式，它一定会波及整个社会生活。因此，我们有必要绕开一下，来观察妙秀的思想是怎样被她的后代所继承。

前面已经说过，本阿弥家族自室町幕府的第一代将军足利尊时期开始，即以刀剑鉴赏、研磨作为家业，妙秀和光悦的伦理道德观同时贯穿于整个家业的流传过程中。写作《本阿弥行状记》的光悦的孙子空中斋光甫根据自己的经验，将此事完整地记载在《本阿弥行状记》一书中。

光甫滞留在江户的某一天，被邀至松平安艺守的公馆，武士今田四郎左卫门拿出一把插在古鞘中的锈刀，恭恭敬敬地请求道：

"吾主嘱我将此换金币二枚，故四方求助，找人鉴看。而至今没一个人看上眼的，奈何！尊驾能帮我鉴定一下吗？"

光甫接过刀来仔细端详，刀身上的铭文都已经模糊不清了，且锈蚀不堪。但光甫立即判定，这是一把宝刀。他说：

"不用再找别人了，你想出让的话，不管什么价格，我都愿意买下，只是，可不许反悔哦。"

一旁在场的寺西将监、浅野数马等一群重臣见光甫这么说，都有些疑惑不解：

"哎呀，你好像对这把刀特别中意，我们可怎么也看不出这刀有什么好的？"

光甫相信自己的眼光没错，断言这是一把正宗宝刀。众人都对这意外的情况感到讶异。虽然是武士，如果缺乏鉴赏眼光的话，自然无法透过锈蚀的刀身，发现其真正的价值。

于是光甫便带着这刀回到京都。此刀一经研磨，便光芒四射，谁看了都爱不释手。族长光温看了光甫拿来请教的此刀后，同样肯定了光甫的判断。光温在刀身上附上价值金币两百五十枚的标签，更在其象眼部位嵌刻上"正宗"二字。在那个时代，本阿弥家族的鉴定就是有这样的权威。

在松平家今田四郎以两枚金币的价格出售时，要是别的商人，一定会装作不知情的样子，就顺势以两枚金币买下。这也算不上什么大恶事，不过是白捡了一份便宜而已。但在本阿弥家看来，以鉴赏刀剑为业的眼光既已看出真正的价值，而趁对方毫不知情之机去收买，无异于掠夺，是一件令人羞耻的行为。重要的不是金钱，自己家族在鉴赏刀剑方面的权威才令人值得夸耀与自负，这是最重要的。如果执迷于金钱，使家族的威望受到损害，无疑比死还要可怕。

先前妙秀为小袖屋的濑户肩冲茶罐一事曾对光悦说："你拿了那银子的话，再好的珍品也成了俗物，你这一生也就无法再领略茶道的妙处了。"

这种思想,在他们的家业——刀剑鉴赏中同样一脉相承。重要的不是别人怎么看,而是自己的心灵律动。哪怕是谁也不知道的事情,如果自己做了心中有愧,也是无法宽恕自己的。这才是他们最为看重的事。和那些见钱眼开,再肮脏的钱也拿得平心静气的人,无疑有着天壤之别。

因此,光温的祖父名人光德有这么一段逸事流传下来。

有一次,德川家康将一把平日秘不示人的短刀拿给光德看。此刀原为前幕府将军足利尊氏的镇宅之宝,附有足利尊氏本人的亲笔字条。是德川家康极为心爱的宝贝。

光德在御前细看了很久,慢慢地对家康禀告道:"此刀被重新烧铸过,已是一件废品。"听了光德的话,德川家康顿时沉下脸来,没料到光德竟这么说。

光德进而又说:"虽然附有足利尊氏的字条,但这说明不了问题。足利尊氏本人并不是刀剑鉴赏家,何况在他手上的刀还是新的。"

话说得这么斩钉截铁,毫无回旋余地,德川家康从此再也没有召见过他。光德认为即使在最高当权者德川家康面前,要他说出违背自己本心的话,还不如去死。毫不畏惧地直言自己的真实所见,这才是光德。自己才是刀剑鉴赏方面的绝对权威。这种骄傲哪怕是在最高当权者面前也决不改变。

《本阿弥行状记》在记述了这段逸事后解释道:不管是多么鲁钝、不善谄媚的人,知道这是将军的秘藏之宝,又是在御前群臣面前,大概没有人会纯洁到会说出这刀是废品之类的话。

由此可见,本阿弥家族最看重的是自己对自己的诚实,对社会有时也要有近乎愚昧的刚直。与外人的功利心相比，更怕违背了自己的本心。这一定是当时日本社会相当珍贵的心灵律动。

他们家这么早就拥有这种近代人的意识，我以为是由于这个家族世世代代都是虔诚的法华宗信徒。换而言之，正是由于在内心深处有可畏惧的神佛存在，才不需他人的外力规范，自己能够约束自己。

这个家族从第六代幕府将军足利义敦时，本阿弥清信在狱中皈依了日莲宗的日亲上人——因为不屈服于头戴烤锅的刑罚，被世人称为戴锅日亲——改名本光以后，每代人都将头发剃光，并以光字命名，是非常虔诚的法华宗信徒。家族和京都的本法寺的渊源极深，可称外护法。此后家族中甚至有人出家皈依佛门者，可以说是以本法寺为精神支柱的体现。

光悦自从德川家康赐给鹰峰之地后，就在这片土地上修造了常照寺、妙秀寺、光悦寺、知足庵四座寺庙，每天热心于修行之中。由于敬畏神佛，即便在世人眼中看不出的事情，也决不放任自己，做出违背信仰的事。这便有了家族中刚直不阿的精神传统。

《本阿弥行状记》在谈到光悦的信仰时这么写道：

家父光悦终生不喜阿谀奉承，尤信日莲宗。

先前的光德同样如此，光悦在这里更被特别强调"终生不喜阿谀奉承"，可见已与日莲精神结合成为一体了。

光甫在谈起自己整个家族时说：

"本阿弥家族没有一个具大智慧的人，至今仍然得到神佛庇佑，那是由于先祖的品德。因为畏惧天命、相信善恶报应,才不做非人道的事,更不会擅行恶事。

"尤其在刀剑鉴定方面,因为是家族的头等大事,必须眼光锐利,心无旁骛者才行。心有阴霾之人是不可能准确推测鉴定的。这方面有很多例子,现兹举以下若干事例……"

于是说出光德见德川家康之刀而不阿谀的故事。

换言之,必先有了"畏惧天命"之心,才会恐惧那凡人看不见的存在,才绝对不敢做出违背本心的不人道行为,依从自己本来的意愿生活下去。这种心境同样体现在刀剑鉴赏的家业方面,所以本阿弥家族的眼光才有出乎想象的严格。人生信仰和职业伦理就这样结合成一体。我们由此可知,与近代基督新教严厉的伦理观大致相同的意识,已经在这家族中形成。

话题更延伸一点说,前不久,我在读菲利普·梅森的《英国的绅士》一书时,发现书中有关绅士的一些论述和《本阿弥行状记》中的记载非常相似,心里感到极其愉快。比如在论及名誉时:

> 名誉乃绅士不可或缺的,对威尔来说,名誉不仅是世人对自己的评价,同样意味着自尊心——从而亦指高洁、圆满和自足;并且应予轻视金钱。这应是本质的。(略)威尔一文不名,但他确信无形的人格比金钱更重要。

这里说的名誉,即自尊心,也就是无形的人格。如果就这么换成《本阿弥行状记》中的人物之口来说,也是不奇怪的。不,如果在那个时代也有这种语言的话,他们一定也会那样说的。

由此,我对现代日本商人在海外被认为"只有关于金钱的话题,凡事只知用金钱去衡量"的评语感到十分悲哀。对一个绅士而言,在社交场合是绝对应该回避金钱这个话题的,如果在一个崇尚艺术的国度,当人谈论起绘画的美学问题时,却插言说此画的拍卖价格,岂不是太煞风景了吗?

日本人以前绝不是这样的。以前,他们不愿在人面前谈论金钱,尊重高洁的行为,把名誉看得至高无上。论天下国家时,我认为日本人讨厌那些满脑子充满谋利的家伙,更重视那些坦率地陈述己见、有头脑、有见识的人。所以才会有如此详尽的古代本阿弥家族的故事流传至今。我相信,日本值得夸耀于世的,并不是成为了经济大国,也不是成为了贸易输出大国,而是人世间最重要的"无形的人格"。

我知道,现代也有不少敬畏这种"眼睛看不见的存在",不会做令自己感到羞愧的事,拥有价值规律的人。并不是所有的日本人都只热衷于交易、赚钱,对金额数字尺度之外的事物不感兴趣。如果日本人仅只有后面这一种人,那太令人受不了了。所以,我以光悦和妙秀为例,强调日本也还有这样的人物。

四

六尺草庵,悠闲无惧

心灵的丰饶或贫瘠，不在于富贵荣华，亦不在于有权有势，而在于人的品格的高尚或者卑鄙。这种说法显然是源自于佛教。我在佛教方面虽不是内行，却和佛教有着一致的看法。

　　若处于自然的原始形态中，显然有良田美宅、奴婢成群的富豪要比那一无所有的流浪者更受人尊敬，握有生杀予夺的权力者更受人敬畏吧。所有的愈多、愈善，这早已是定论了。但在日本，佛教却很早就告诫我们，和这种原始的感情相对应，别有一种贵重的价值存在。

　　在现世的世界之外，另有一个肉眼所看不见的世界存在，人是否能获得终极幸福，与现世的成功或失败无关，而取决于人的心灵是否为各种凡尘的欲念所阻塞。这就是佛祖所指的人心自我救赎的世界。在日本，佛教最先提出这种形而上的思想体系：

　　　　若知足，虽贫亦可名为富；有财而多欲，则名之为贫。

　　仅只从以上的片言只语中，可以想象对当时接触这种教义的人来说，是一种多么新鲜的发现，以及对当时人们的贫富价值观所具有的革命性的冲击。

虽然就我的资格和能力而言，还有很大的欠缺，但我却不得不在此谈论一下日本佛教史。中世纪初出现的一些日本佛教的教祖，如法然、亲鸾、道元、日莲等人对后世的影响之大，说它与欧洲社会的基督教足相匹敌是毫不过分的。

简而言之，当时的人已经认识到，在受欲望支配价值的现实世界之外，另外存在有一个更宏大的拯救人的心灵的世界。从中世至近世，日本人为得到拯救，都极其狂热地崇尚佛教，不惜为此牺牲一切。虽然存在着各种教派，教义也不尽相同，但日本人受佛教的引领，打开了走向形而上世界的大门。这无疑是一场精神世界的革命。

我认为，日本人常说佛教，但真正相信这个绝对的、现世不能得见的存在，并将与这种存在所产生的垂直关系视为人生最重要的，是一件极不容易的事情。现代佛教已完全失去了这种角色，而流趋为形式化。人们的心里也普遍失去了对这另一世界所具有的敬畏和恐惧。没有了这种绝对的存在，佛教便沦为法律或道德评判之类世俗的横向关系，人们的心里对此也不再有自律可言。

在信仰"心灵"的时代，《方丈记》可称得上是最能反映当时知识分子的生活方式的一本书。镰仓初期最著名的歌人及随笔作家鸭长明迫于当时战乱的社会现实，遁世避乱。尽管离悟道尚远，却很好地写出了人心的本来思想。所以一直受到日本人的喜爱。

鸭长明于元久元年（1204年）出家，时年五十岁。也就是说他在滚滚红尘中挣扎了足足五十年之久。与其说退隐，不如说是为生活所迫。最后他无怨无恨地遁世出家，住在山中一丈见方的茅舍中。于是就有了这部《方丈记》。让我们引录书中的一小部分，来观察一下他的方丈生活：

> 初居此处，以暂居处视之，迄今已五年；假庵成故里，屋檐满朽叶，土台长苔藓。京都模样尽皆自然听来，闭居此山后，贵人似已日益凋零。未记入此书者，更不知其数。而火灾焚毁之家屋，不知凡几。唯假庵悠闲无惧。虽狭小，但夜卧有床，昼居有座，宿一身而无不足。寄居喜小屋，能知此事足矣。关雎停荒凉沙洲，惧人故也。吾亦如此。因知事理识时务，则不欲不趋，唯望清静，事受无忧之境。（略）
>
> 夫三界唯心。心安，则象马七珍亦不善，宫殿楼阁亦无所望。今有清寂住处，六尺庵室，自然喜爱。出京，虽以行乞为耻，然归而居此，反为尘俗奔波者悯。若有人疑此，则请见鱼鸟之情状。鱼不厌水；非鱼则不知其心。鸟乐居林；非鸟则不知心。闲居之乐亦然，不住焉能知之！

鸭长明指出，人生世上，最重要的是心灵的安宁，心灵不得安宁，住居宫殿楼阁亦是枉然。心灵安宁，草庵茅舍又有何妨。语气中虽然还留恋尘世，但从中确实流露出对所居的方丈之地的满足。

读《徒然草》，可以清晰地感到一个彻悟的人，而读《方丈记》就没有这种感觉。鸭长明虽然最终出家遁世，但他的境界，如前所述，还没有彻悟。因而书中反映出的，是一个充满忧烦、对尘俗世界的一切都无法彻底割舍的人,他舍弃不了对人世间的留恋、仇恨、贪婪的好奇心与执着。他最终无法抛弃凡俗世界。正是这种人性的东西使《方丈记》充满了情趣。

鸭长明五十岁离家,比二十三岁弃世的西行、三十岁修行的兼好都晚了许多,且他并非有志于献身佛教,而是由于被现实世界所不容才退隐出家的。《方丈记》明确地记载道:

迎五十之春,出家背世。

实际上,鸭长明热衷于当下贺茂社的弥宜总官,愿望落空,便赌气待在家里,拒绝到和歌所去,最终只好离家遁世。对他颇怀好感的源家长也在日记中记录了鸭长明的这种心绪:

惶恐之心。

对他这种蠢驴般冥顽不化的脾性喟叹不已。

鸭长明就这样带着尘世间千丝万缕的牵扯出了家。而他一旦抛却尘世,顿时开悟,创作出他自己的方丈哲学,并一以贯之地始终将自己的住居之所局限在一丈范围里。他自豪地写道:

唯假庵悠闲无惧。

不是拘于佛法,亦不为他人,一切都为了自己。

吾为身结庵，非为他人结庵。

我读了这段文章后，不由得叹服：在这个国家中世纪初的时候，就有具备如此清醒自我认识的人物存在。他们不为外界而活，只求自己的心灵满足。

若以现代人来说，有那么一个公司职员，勤恳工作，却因公司内部的组织和人事冲突，彻底放弃了为公司效力的念头，绝望而去。一念之间，他躲进一处荒村破屋，开始过一种不受任何人约束的自给自足的生活。不为了修道成佛，只为了适情任性，过自己身心自由与安宁的生活，这时，是否就是鸭长明所言"唯假庵悠闲无惧"的境界了呢？如果有人这么说，那我会对此人表示敬意。我想，这才是选择了真正富于人性的生活。人生的幸福仅从外表看是不行的，用哥白尼的旋转学说来解释，也许这种不受约束的远离尘世的生活更符合人的天性。

"夫三界唯心"，芸芸众生的世界全在于心灵活动的一念之间而价值逆转。心里充满欲望，即便住在宫殿楼阁，亦如同乞丐。一旦回到山上，远远地俯看人世间的名利争斗，就会产生怜悯之心。而产生这种价值逆转的原动力，就是佛教。鸭长明虽然不像别的出家人存有求道之心，但同样表现出这种愉快的心境。

人要支撑自己，也许必须对目不能视的另一世界存有敬畏之心吧。

以前我在高中，读到哲学家康德的"天上有星光闪耀，地上有心灵跳动"时，心里感动不已。对天的敬畏和严于律己地守护心灵，不管东西方都是相通的。

前面谈到的光悦和他母亲妙秀都是虔诚的佛教法华宗信徒。如果说是由于对神佛存在的敬畏之心赋予他们人性的品位的话,那么失去这些支撑的现代人仅只是一群肉体存在而已。

总之,鸭长明独居在他的方丈之地,享受着音乐,不必为尘世的利禄功名奔忙劳碌。正是由于很多人赞赏这种桃源生活,他的《方丈记》才大行其市,才会这样被世人代代相传、脉脉相承。如果这就是文化传统的话,我认为这种传统值得尊敬。

五

袋里有米，炉边有柴，还要什么

近年来人们越来越推崇和喜爱良宽（1758—1831），且与年俱增，我认为这简直是现代的七大奇观之一。我不清楚喜欢他的理由是否由于他的人生观恰恰与现代流行思潮相悖逆的缘故，反正令人费解。良宽何以会受到这么多人的喜欢？

从20世纪80年代后半期至90年代初泡沫经济时期开始，生财技巧之类讨厌的语言大行于市。不管是谁，如果买了股票而赚不到钱，别人就视你如怪物，这都形成了一股社会风潮。大小报刊都辟出了财经专栏，推波助澜。对此，我一向都持有异议。这种现象的出现，是因为在公众眼里物质至上的结果。在一切都数据化的时代，不能用数字来作价的一切都是不值一顾的。

如果这种风潮就是现代流行风潮的话，那么良宽的生活方式正好相反；他一生与金钱无缘，住草庵，以乞食为生，这样的人物竟然会受到现代人的重视，着实让人感到不可思议。也许整个时代过于功利主义化了，反而使人憧憬那种清澈的生活方式。

> 生涯懒立身，腾腾任天真。
> 囊中三升米，炉边一束薪。
> 谁问迷悟迹，何知名利尘。
> 夜雨草庵里，双脚等闲伸。

反复吟唱良宽的这首代表作，会感到一种悠然的舒畅气氛。稍作思考就会明白，正是我们已经缺乏这种纯粹的生活能力所致。良宽不想卑躬屈膝以换取出人头地，也不求财源广进而富贵荣华。他不愿压抑自己心灵，一切任性而为。现在自己草庵的头陀袋中还有乞讨来的三升米，炉边尚有一束柴薪哩。尽管处身于极度的不安状态中，有这些就足够了。不知这是迷狂还是彻悟，更不要说名利得失了，我就这样在夜雨淅淅而降的草庵里，悠闲地伸展开自己的双脚，欢乐而满足。

我们终究无法臻于这种心境，我们也无法忍耐自己处于这种情境下生活。然而我们却会不由自主地被诗中所显示的美妙的境界所吸引，这究竟是什么原因呢？为什么良宽会在现代社会流行呢？现代社会衣食无忧的我们为什么会被他的这种心境所吸引呢？

我曾在一个冬天，探访过越后国上山的五合庵遗址。站在那重建的草庵前，我想如果让我住在这么一间建在老杉树下的孤零零的破草庵，我肯定会忍耐不住的，太简素、太贫寒了。可以想象，在这么物质匮乏的地方，粗衣寒食生活的人，精神是多么强韧。由此省察到在现代文明中娇生惯养的人是多么脆弱。

回想一下，即便是我们，也曾有过在以东京为首的日本城市被空袭夷为平地的经历，废墟上的生活和良宽何其相似，而今却已知者寥寥，成为遥远的过去。缺乏御寒的物品，食粮也如"囊中三升米"状态的实行配给，哪怕是这样，当时人们如果能栖身于稍遮风雨的屋檐，有食物果腹，就会感到相当满足了。而我站在五合庵前，竟然会提出"在如此贫寒的地方怎么生活啊"这样可笑的问题。可见我们已经被现代文明所惯纵，不知不觉间精神脆弱到何等地步。

也许我们会认为，良宽贫寒的生活方式是他自觉选择的，而战后我们生活的这种穷困状态则是不得已，非我们自己选择的。于是我们为了摆脱那种穷困贫乏的状态，为能过上富裕的生活而拼命地劳作。而良宽从一开始就没有华服美食的愿望，更不用说出人头地、飞黄腾达了。

　　　　生涯懒立身，腾腾任天真。

不求显达于众人，万事随心自然，一任天真。于是就生活在草庵里，悠闲满足地"双脚等闲伸"。实在是无比幸福的心境。

我们无法模仿良宽的生活，但我们可以想象良宽的这种幸福心境的。

在食物要多少有多少的饱食时代，对食物是难以有知足感恩的心情的。然而在饥饿的边缘，正是由于缺乏食物已成为生活常态，有三升米才会令人感谢上苍。

如果所有的房屋都设有暖气，人们便不会对温暖心生感激，而假如你从寒风凛冽的野外行乞归来，能有一束焚火取暖的柴薪，一定会被这难得的温暖所感动。

当"无"成为常态时人们才会对"有"感到无上的满足和感激。而"有"成为常态时，人们不会对"无"产生不满足感，也绝不会在

袋里有米，炉边有柴，还要什么

心里涌动起对"无"的感激之情。我想，良宽正是基于这种认识才自觉地选择了他的草庵生活。

此外，良宽在他吟唱贫困的草庵生活的诗与和歌中，同时表达了一种难以言喻的悠游心境。所以我们才会被吸引，仅仅是贫困的生活状态是不会引起任何人向往的。

《良宽禅师奇话》这本书的开头便道：

> 良宽禅师常静默无语，动作闲雅有余。心广体裕，即此之谓也。

良宽不仅孤独地一个人生活，似乎生来便喜欢沉默寡言。为了自己所选择的内省的修行生活，更时常整日静默无语。所以他举止风度才会如此悠闲潇洒，仿佛从内在心灵深处溢出一般。心灵自由，不为物拘，身体才会自在潇洒。

看良宽的书法，就仿佛看到了良宽这个人一样，行云流水，笔法自由奔放，实在是高雅脱俗的字体，极富良宽的人品之韵。在乞食为生的草庵生活这种最低限度的困苦生活状态下，还能保持如此高雅纯净的心态，良宽由此越发地吸引我们这些所谓的现代文明中人。

写作《良宽禅师奇话》的解良荣重和良宽的交情非常深厚，从而他很好地描述了良宽这个人物的风采：

> 师信宿余家重日。上下自和睦，和气盈室，虽归去，数日之内，人自和。与师语，一夕顿觉胸襟清净。师不说内外

经文以劝善,就厨上烧火,或就正堂坐禅。其言不涉诗文,不及道义,优游不可名状,仅道义化人而已。

良宽和解良家相与甚善,有时会在解良家宿泊二日方始归去。解良由此将那时的印象记载下来。确实是一部相当传神地描绘出良宽神采的作品。

良宽在解良家,既不劝言学教,也不谈论诗及和歌,家中自然而然地洋溢着一股祥和的气氛。他或去厨房帮忙生火啦,或就在里间客座上静默坐禅,行为举止就像在自己家里。可当你感受他如田野间清纯的风一般自然的存在,或者是围炉闲语时,你的内心立即会变得清明澄澈。

良宽就是这样有魅力的人物。如果仅仅只是一个毫无人格力量的、悲惨地苟活在五合庵的行乞和尚,人们即便怜悯,也绝不会由衷地生发出崇敬和亲近之感。良宽之所以被人们所敬爱,是因为他虽然是一个以行乞为生的贫穷和尚,但在他极其简朴的生活中,闪现出常人所不及的高雅纯净的人品光辉。

良宽写诗,咏和歌,亦善书法。但他的诗与汉诗人所作的专家诗不同,和歌也不流于桂园流的常套歌,书法更是独树一帜。任何一类都极好地表现了良宽的内心世界,没有一丝一毫的学究气。他通晓经义,但绝不对别人说教,也不以此为傲。生活方面也同样反映出他的思想,行住坐卧,任其自然,一切都是每日充实更新自己的手段。

师神气充于内而外发。形容如神仙。长大清癯,隆准凤眼,温良严正,无一点烟火之气。(略)今追怀其形状,不见相似之人。鹏斋曰：喜撰之后无此人物。

良宽胸中充满着精神之气，由此外溢感染着每一个人。姿态音容宛如神仙。他身材高瘦清癯，隆鼻，丹凤眼，温良严正，不带丝毫烟火气。现在追想的话，再也没有那般仙风道骨的人物了。江户的儒者龟田鹏斋曾赞叹说，自三十六仙中喜撰辞世后，人品风度无人能出良宽之右。也许确非妄言。

我不认为解良荣重是出于自己的偏爱，故意夸张地美化良宽。良宽就是这样的人物。

我读了荣重的证言之后，不禁想到，良宽所以成就这样的人品气度，是否与他的草庵生活有关？换而言之，是不是清贫而一无所有的草庵生活才孕育出这样的良宽？答案是，草庵生活是良宽的必然选择，没有草庵生活也就不可能有良宽这样的人。

也许还可以从相反方面来思索。良宽曾在备中玉岛的圆通寺中修行，并承继了国仙师父的衣钵。让我们看一看他在圆通寺时所写的诗：

> 自来圆通寺，几度经冬青。
> 衣垢聊自濯，食尽出城闉。
> 门前千家邑，更不识一人。
> 曾读高僧传，为僧当清贫。

离开越后到备中的圆通寺，已经过了好几个春秋了。衣服脏了自己洗，肚子饿了便出城去化缘。寺庙门口，千百户商家云集，却无一人相识。

以前曾读过慧皎所著的《高僧传》，出家修行本就是忍受清贫的啊。自己亦当以清贫为操守，忍受孤独，坐禅修道。

在这里良宽给我们一种相当孤独的印象。玉岛町繁华喧嚣，良宽独居其中，而不为车马喧哗所骚扰。

圆通寺位于冈山西侧的玉岛上，属冈山藩主。良宽二十二岁云游至此，至二十四岁其师国仙大师仙逝，良宽在此十二年的修行期间，沉默寡言，极少开口说话。在另一首歌咏圆通寺修行时的诗中，他描述的正是这种苦修的心情：

> 忆在圆通时，常叹吾道孤。
> 搬柴怀庞公，踏碓思老卢。
> 入室非敢后，晚参恒先徒。
> 自兹席散后，倏忽三十年。
> 山海隔中州，消息无人传。
> 怀旧终有泪，寄之水潺湲。

搬运柴草时想到庞居士，捣米台前眼前便浮现出卢行者。参拜师父，执弟子礼不敢稍欠恭谨，晚课诵经，从不敢落他人之后。这样的修行生活令他不由得感叹"吾道孤"也。

其实这句话，是一般僧侣常挂在嘴边的套语，即"吾忧吾道之不行"。而我从中却听出他独具个性的感慨。同为修行，一般僧侣皆以住院住持为追求目标，良宽却是以"孤"为立身之本，并为之身体力行，修行纯粹的佛门之道。在这一点上二者是迥然不同的。

良宽在师尊大忍国仙死后，立即辞别他游。据研究良宽生平的北川省一考证，由于良宽反对继承法杖的玄透即中假借幕府力量实行宗教改革，故而也许是玄透运用幕府的恶僧逐放令，将良宽驱逐出了圆通寺。我虽然无法判断个中是非，如果事情真是那样的话，那么从大忍国仙活着的时候开始，偏重体制的玄透和醉心修道并主张与政治无涉的良宽二人之间，就有着生活方式的根本差异。也许从那时起，玄透就已经憎恶良宽，视他为异己了。

当时圆通寺尚有近三十位前辈高僧，而忝陪末席的良宽却可能就是大忍国仙理想的承继法杖的接班人，读了国仙赠予良宽的偈文，便会明白国仙当时的心情。

付于良宽庵主
　　良也如愚道转宽，腾腾任运谁得看。
　　为赠山形烂藤杖，到处壁间午睡闲。
　　　　　　　　　　　　宽政二庚戌冬
　　　　　　　　　　　　水月老衲仙大忍

柳田圣山君是这样解释这首偈语的：

良啊，你真是个愚蠢的人，大路朝天，你这般信步而行，又有谁会注视你呢？还是送你这根山间原形的藤杖吧，带着它，不管你走到哪里，哪怕是在悬崖之侧，你仍然可以憩然入睡。

从"良啊"这个亲昵的称呼中可以感觉到,大忍国仙和良宽的关系是很亲密的。据柳田氏推测,"良也如愚"典出《论语·为政》第二篇中孔子对颜回说的话,借以表现自己亦有值得自豪的弟子。可见国仙非常看重淡泊名利的良宽,并愿把自己终生追求的"道"托付给他。

良宽"常叹吾道孤"的感叹,真正出于他孤独的心境。良宽他即使出家为僧,也决不会在寺院中追名逐利,他根本就不会有这个念头。

六 谁能听见无弦琴

大忍国仙去世后，良宽云游四方，行踪飘忽。有说他去过九州和四国地区，总之，良宽为了更深地修炼自己的心境，遍访名寺高僧，开始了他云游求道的行脚僧生涯。这一时期关于良宽的可靠记载可参阅国学者近藤万丈的手记。这是帮助我们认识此时期良宽精神状态的宝贵的资料。下面这段话是吉野秀雄用现代日语翻译的手记，当中的解说也是吉野秀雄加上去的。

我（近藤万丈）年轻时曾到过土佐国，当我行至距城三里之处时，暴雨如注，天空尽墨。忽见路右边一丈远近的山脚下，有一破旧草庵，便上前敲门请求住宿一夜，暂避风雨。一个脸色苍白的瘦和尚（良宽）回答道：没有食物，也没有御寒的衣物可提供。说完便坐在炉边，再不开口。他并不坐禅念佛，只是微笑不语。我觉得这是个狂诞怪异的疯子。当晚我就睡躺在炉边，岂料清晨醒来，发现和尚以手为枕，在炉边睡得很熟。第二天，大雨依旧下得很大，于是我问他可否让我再留宿一日，他很高兴地说住到任何时候都可以。中午时分，给我用水泡了一碗面粉。环视草庵中，仅木刻佛像一座；窗下一张小桌，以及桌上的两本书，此外别无长物。翻开桌上的书看，是汉文《庄子》，书页中夹放着可能是和尚用草书所写的诗文。我没学过汉语诗文，看不懂奥妙深浅，但其字却如行云流水，令人拍案叫绝。于是我从所带的箱子里拿出两把扇子，请他在梅莺图和富士山图上题词。题词的详细内容已记不清楚了，只记得在富士山图扇上的题词最后写的是："书者何人？越后人产了宽也。"（良宽自己笔误或是记者自己记错）

这是近藤万丈在不明对象的情况下所记载的个人体验，令人听来有些凛凛生畏，但弥足珍贵。良宽当时可能正在做静修的功课，但他清贫至极的生活与庄严静谧的态度给人留下了深刻的印象。吉野秀雄关于这点曾经这样说过：

"良宽是一个形销骨立、面色苍白的壮年乞食僧人，始终信守沉默之道。这种沉默如同回归自然静寂一般，他在沉默中向人们展示他追求真理的苦难旅行是何等充实与透彻。"

透过一个旅行者对良宽的简略印象，我们不难感受良宽当时修行环境之艰难与其内在的充实。良宽天分虽好，也是在大忍国仙授予印可之后，日日严修、时时自省，才成为今日我们所见到的良宽。从外表上看良宽不过是一个平常的化缘和尚，但他心里自有清水流动，是能和唱无弦琴节拍的透彻的人。

静夜草庵里，独奏无弦琴。

调入风云绝，声和水流深。

洋洋盈溪谷，飒飒度山林。

若非耳聋汉，谁闻希音声。

在一无所有的草庵里，良宽心中回旋着无弦琴的韵律，与山岚之风齐鸣，与田野清溪同和，成为奇妙的演奏。解良荣重所谓的"神充于内而形于外"，就是指这神内在充实的状态。无弦琴的曲调回旋在孤零零的山中草庵之上，高堂大庙的僧侣们是谁也听不到这如此清冽的天籁的。

出家修行，意味着抛弃一切世俗社会的利益，既然选择了修行佛道的生活，内心当然应该没有俗尘渗入的余地。但法界众生依然是人间社会，在这里有想出人头地当寺院住持的，有与世俗权力勾结的，有一些与佛法相违背的欲望存在。这样的僧人为数不少，江户时代的三百年间，佛教为幕府所操纵，是最堕落的时代，这样的和尚也最多。

在这茫茫的黑暗之中，将修佛视为修行心灵的良宽，只能是孤独的。要贯彻自己的纯粹性，只能离开寺院制度的束缚，成为一无所属的个体存在，成为自己一个人独自的心灵存在。良宽在他托钵行乞的苦难生涯中磨炼自己的心灵，他的人生态度至今深深地吸引着我们。

七 我只想要您领地上的一枝竹子

鸭长明在他五十岁那年离家弃世，移居于山中的方丈之所。他与一般进山修佛的僧人不同，仅想住在一处远离人世的地方，不受世事拘束，可以自由思想地生活。所以他虽住在方丈之居，却不像专心向道之人，而更像一个隐居山间的风雅之士。他自己记载道：

> 南铺竹帘，西设供佛之架，靠北隔着纸门，安放阿弥陀佛画像，旁画普贤像，前置《法华经》。东边满铺蕨枝，权充夜晚就寝之所。西南设竹吊棚，放三具黑皮笼，笼中有和歌、管弦、往生要集之类抄本。其旁竖一琴一琵琶，折琴、继琵琶是也。假庵之形式大抵如此。

很少有人如此细致地记录自己的草庵住居，也许长明颇以此为傲。佛典仅《法华经》一卷，其余尽是和歌、管弦、往生要集之类，甚至有自己喜好的琴、琵琶。实在是一位风雅隐士的居住之处。

长明居此为家，他带着附近守林人未满十岁的小孩，以漫游山林为乐。他们拔白茅芽，摘岩梨，揪余零子，采芹菜，以此做菜充饥。夜深人静之际，他在月光下弹抚着琴弦，思念远方的知己友人，过着一种孤独而随心所欲、贫困但自由的生活。尽管与良宽的生活不同，但这同样是草庵生活。草庵生活就生活形态而言已是最小限度，极为困苦。但境由心生，是丰裕富饶或是贫困悲惨，就看居住者以什么样的心态来对待了。

鸭长明除了《方丈记》之外，另著有一本名为《发心集》的佛教说话集子存世。与其说是一部讲述发愿向佛的书，不如说是一本赞美风雅之心的语录。从中我们可以清楚地窥见鸭长明的心态。

有一篇名为《时光、茂光之风雅及于天听》的故事。

堀河院时期，有一位名字叫正时光的吹笙高手，偶遇一位叫茂光的筚篥名家，情投意合，相见恨晚，于是便经常一起游历。有一次两人下完一局棋，兴之所至，正乘兴共同吟唱裹头乐（唐乐的一种）时，马蹄声急，打断了这美妙的曲调。宫中来使传圣旨急召正时光入宫见驾。但两人沉醉在音乐之中，拒不应召。原文是这样记载的：

使者细述此来因由，充耳不闻，但微摇身躯且歌且去。

使者不得已回转帝京复旨，以为皇上一定雷霆震怒。没想到皇上听后垂泪道：

"真是风雅之士啊，如此沉湎于音乐，以至于忘却一切的人，实在是令人起敬。可惜我身居王位，不能亲耳聆听。"

使者感到非常意外。

鸭长明在转述了这段逸闻后,对他们俩沉醉于音乐中的行为大加赞美,极为羡慕。他说:

"想到这些事情后,我认为要真正做到遗世独立,唯有浸淫于风雅之事之中。"

对鸭长明来说,把世俗的阶级地位抛弃一边,连皇上的宣召都掉头不顾而沉醉徜徉于音乐世界中的人是最值得尊敬、最值得羡慕的。他自己就是这么想的,如果可能,鸭长明也愿意成为这样的人。

另外,他还写了关于琵琶高手大式资道的事情。这个人每天出入佛堂,却不像平常人一样祝祷祈愿,只是一味地弹奏琵琶,向未知的极乐世界执着地传送着他的琴声。鸭长明对此注解说:

所谓风雅之士,并不与普通人来往,亦不会为身世忧愁。心中唯哀花之开谢,思月之盈亏耳。澄心不染尘世浊事,则生灭之理自显,名利之执自去。此脱离尘世苦界之不二法门也。

很难对"风雅"这个词下一个确切的定义。单纯地为摆脱名利,舍弃尘俗之心,吟诗弄弦,使自己的心漫游于风雅之境,也可以说是以手救心的解脱之道。也许这是鸭长明为自己沉湎艺事、不能专心事佛的一种辩解,却意外地表白了他的真实心情。

像这样典型的风雅人物,还有一个《永秀法师的风雅事迹》的故事。

赖清被遣送流故,其故乡有永秀法师者,家贫而心情开朗,昼夜吹笛而已。

赖清和永秀法师都生平不详,不清楚是什么人,但至少是一个法师,并且是醉心吹笛的风雅人物。

这个男子,只知不管白昼黑夜地吹奏笛子,附近的邻居都渐渐地疏远他,但他对此毫不介意。虽然极其贫困,但他从不向人乞求帮助,邻居中也没有人看不起他。

赖清听说了永秀的穷困后,深觉可怜,派人传话说:

"为什么不对我说起呢?遭遇到如此困境,任谁都会施以援手的呀,你身边不是还有人可依靠的吗?别如此见外,有什么要求的话只管开口。"

永秀听了,回答传话的人说:

"这真是叫人感到惶恐,有件事以前一直就想开口,因生活困顿,心里有忌惮,没敢冒昧地提出请求。既然老爷那么说,我马上就去当面禀告。"

赖清听了回报后心想,他到底会开口恳请什么事呢?如提出一些令人难堪的要求的话就讨厌了,像永秀那样的人,既然开了口,就一定有事情。日落时分,永秀来了。赖清赶紧请进,坐定后问永秀道:

"有什么事要我帮忙吗?"

"平日里有好些事想求您帮忙,都忍着没敢开口,先前听了传话人的话,才斗胆前来。"

赖清听到这儿心想,这下你总该挑明真相了吧。令他决然意想不到的是,永秀竟说:

"您在筑紫拥有大片的领地,我能不能向您请求得到一支用筑紫的汉竹做成的笛子?我是多么渴望得到这支笛子啊。因为家境贫寒,只能在心里日日企盼。"

"这请求太简单了,我马上派人找来给你就是了,你就不想再求点别的什么吗?每个月的生活很艰难吧?生活上有什么困难也可以说的呀。"

永秀回道:

"太感谢了,但这类事不敢烦劳阁下操心。只要在二、三月间做好了一件帷幔,到十月为止生活都不必发愁,朝夕食物,我自会解决。"

这才是真正的高尚风雅之士,其心境令人感到可哀和可敬。赖清立即派人将笛子送了过去。此外,他知道永秀虽然嘴上这么说,其实是衣食无着,极为穷困的,便每月又送给他许多粮食和银子等生活必需品。永秀得到了这些东西,便邀集了八幡地区的乐人一起喝酒,整天地鼓乐游乐。钱尽财散后,便独自一人吹笛度日,就这样,永秀的技艺日益精湛,成为一代吹笛名手。

鸭长明肯定非常喜欢这个故事,虽然其中哪些部分与发心从愿有联系,尚存有疑问。但对鸭长明来说,仅仅由于喜欢吹奏笛子——这与现世的荣达和利益丝毫不沾边的雕虫之技,就把一切都撇到一边,达到废寝忘食的程度,这种人的本性,才是最尊贵的;虽然现在被认为是一种艺术,但他相信,脱离了现世的荣誉得失,漫游于另一世界的人的心灵,才真正接近极乐。

从我们现代人的眼光来看,像永秀这样沉湎于音乐而对改变自己贫困的生活状况一无所求的人物存在,实在是难能可贵。一念及此,心情也会变得轻松愉快。而喜欢这个故事并将它记录下来的人同样值得感激。这都是一些与众不同的人物。而艺术本来就是在与现实的价值观不同的层面上成立的。

如果把人置于自然状态的话，必然会引起物质欲、金钱欲、权力欲的全面膨胀。人的欲望是无止境的，当官者追求更大的权力，有钱人渴望得到更多的财富，然而现实中的财富和土地以及资源都是有限的，权力者之间彼此势不两立，而放任自己的欲望，这个世界就会变成争斗不息的人间地狱。基于以上认识而将欲望视为万恶之源，教导我们摒弃欲望，求得心灵平安的正是宗教。

永秀的心性与动机与此不同，他是由于热衷音乐而舍弃其他欲望的，结果与佛教中的求道者殊途同归。真正的艺术家当中这种人很多。后世的池大雅也同样潇洒地挥袖弃离尘世俗气而悠游于他的绘画艺术之中。他们都像鸭长明一样在"风雅"的一念之下，瞭望到另一个与权势利益无关的世界，为了进入这个纯美的、快乐而心情舒畅的人间乐园，最终都逃离了现实世界。

八 绑鞋带时的一滴眼泪

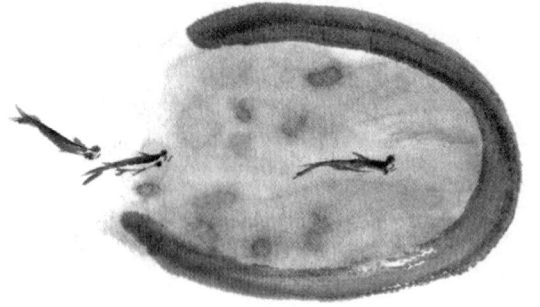

对良宽来说，不仅咏诗作歌，坐禅念佛，就是与孩童们一块儿玩耍，同样是悠游于尘外世界的方法。他在他的诗或和歌里时常咏唱这种心情。在实利至上的成人看来，这无疑是属于"痴"之类的游戏，但这却是他内心世界向一个清澄明静的境界跃入的一个机缘。

咏手球

冬尚残，春已至，离草庵，去乞食，至村里，路上孩童言，春至拍手球，一二三四五六七；汝拍吾唱、吾拍汝唱，遂边拍边唱，晚霞起，永恒春日将暮。

霞起春日永

村童共击球

今日亦将暮

着一袭有雀鸟图案的墨染衲衣，背着头陀袋，手提化缘钵，良宽去村里化缘。田间风和日丽，桃花盛开，农民们正在耕田种园。他们中有人认为良宽四体不勤，是个单靠乞讨人们流汗得来的食物生存的无用的家伙，是没有任何实际意义的存在。他们中一定还有人会嘲笑良宽是个疯疯癫癫的只知傻乐的和尚。但大多数人都了解他、敬爱他，一见到他的身影便感到由衷的高兴。特别是孩子们，和这个天真的老顽童非常亲近，一见到他就会欢呼着朝他跑去："良宽叔，跟我们玩吧。"良宽便会欣然应邀，和孩子们一起，嘻嘻哈哈地拍手球，心无牵挂地打发走一个漫长的春日。

从另一个角度来看，和孩子们的游戏中充满着生命的活力，这同样是禅的境界。良宽在他的诗歌中几度描述了他的心境。

　　此宫林木下
　　村童共嬉戏
　　春日已重临

此宫是虚指，可指任何地方。具体地说，可能是指他最先居住的乙子草庵附近的森林。在这片茂盛的树林中，和孩子们一起拍球，捉迷藏，弹珠子，玩相扑。在"春日已重临"的句子中，已隐隐表现出从大雪封闭的漫长严冬中解放出来的喜悦。

　　在此村里击手球
　　且与众村童嬉游
　　春阳不落又何妨
　　霞起大日永

村童共击球

此日已将暮

　　对良宽非常敬爱的歌人吉野秀雄对这些和歌评价道:"每一首都温馨和蔼,使人感到被真情厚厚地裹着般的温暖,这是良宽对人间的爱念的表露,因而这些绝对是良宽自己的作品,除了良宽,别人是不可能假冒伪作的。"这正是良宽的世界。在体味这些诗歌的时候,我们胸中所浮现出的清澄舒畅的感觉,就是良宽同样体验到的。良宽反复地咏唱,对他来说,完美地表达他的心情,是相当重要的一件大事。

青阳二月初,物色稍新鲜。
此时持钵盂,得得游市尘。
儿童忽见我,欣然相将前。
要我寺门外,携我步迟迟。
置盂白石上,挂囊绿树挂。
于此斗百草,于此扑球嬉。
我扑渠且歌,我歌彼扑之。
此去又彼来,不知时刻移。
行人顾我笑,因何致迷痴。
低头不相应,得道复何思。
欲知个中意,原来只如斯。

(注:百草指相扑)

这首诗在良宽的作品当中是比较快乐的一首,以轻快的韵律表现了和孩子们一起迎春游玩的喜悦。孩子们朝着良宽欢叫雀跃,良宽应邀欣然一同游玩的情景历历在目。此诗和一般和歌的不同在于多出了最后六行。

诗中的行人,可能是指收工路上的农民。有人看见良宽整日里和孩童一块儿嬉戏,就问他:"你到底是什么样的心情,整天这么傻乐?"良宽沉默不答,只是低着头,很不好意思的样子。即便回答了,对方也不可能理解。这不是用语言可表达的,这种事情知者自知。

只有开悟了,才能知晓已悟者的心事。

真要对良宽的内心追问到底,良宽只会说:"就是这样的呀。"

另外还有一首《球子》的诗:

球子

袖里绣球值千金,谓言好手无筹匹。

个中意旨如相问,一二三四五六七。

你要问我,击球作乐的心绪是什么?我告诉你:"一二三四五六七。"你要再问,良宽就回答是贞心尼。

贞心尼是为良宽的晚年生活涂染上生命之彩的女性,聪明智慧,曾这样歌咏良宽的击球游戏:

"师常以击球为乐事,'如此这般,游于佛道,拍呀拍呀,自有法则'。"

良宽回答道:

何妨拍拍看

一二三四五六七八九

以十收尾再开始

不需要什么空洞的说辞,你只要试着拍拍手球,一二三四五六七八九十,再一二三四五……人生便是这样无限地循环往复,佛道亦在此当中。

我们在这里可以记起解良荣重所说过的:

"师更无说内外经文以劝善,唯以道义化人而已。"

不置言辞,仅以身体力行,对责备或同情他的人他只会垂首默然;而对了解他的人,便会轻轻地回答说:"拍拍看!"

这又让人回想起良宽在五合庵时期的逸闻。吉野秀雄记述道:

良宽的侄儿泰树,因生活放荡淫逸,身体衰弱,请母亲安子求见良宽。但他住了三个晚上,没有听到良宽一句话。正在他灰心丧气地辞别时,良宽让他帮忙绑草鞋带。安子心想,良宽一定会有什么训诫,于是就偷偷地躲在屏风后面。泰树也以为伯父会教自己什么人生妙谛,便依言上前去绑鞋带。突然,泰树感到一粒冰冷的水珠落在领子上,抬头一看,良宽眼含泪水正默默地注视着他,泰树顿时有所感悟。良宽从容地站起身子,慢慢地走开去了。

这逸闻简直让人亲眼看见了良宽的身形姿容,我想事实上也正是如此。良宽是决不空言说教,"唯以道义化人而已"。

良宽至今极受人们重视,因为从他的诗与和歌中所展示的情绪让人感到心情舒畅。他是一个空前的人物。良宽他一无所有,地位、财富、权力,这些为世人所看重的东西一样也没有,仅仅是一个靠乞食为生的化缘和尚,一个靠他人同情而勉强生存的无为之人。

只有一个叫良宽的人存在而已。如此纯粹、平凡。身无一物的良宽,他的道德人品是如此清净高雅,让人觉得舒心愉快。这也是我们这些仅从他的诗与和歌来了解他的现代人,深深地喜爱并且崇敬他的理由。

九 买书钱不够,那就捐了吧

年轻的时候，我大概是不会对这一类故事感到动心的。事实上，我在四十岁以前，只把这些看成是老掉牙的陈词滥调，包括《方丈记》和《徒然草》，根本就是不屑一顾，只看欧洲最新流行的文学作品。虽然也偶尔翻翻像《近世畸人传》之类的书，觉得其中的故事很有趣、很不错，却从来没有认真地品味过故事的内涵，随看随放而已。

但随着年龄阅历的增长，我越来越对这些古典随笔散文和逸话所表现的人物故事产生共鸣，特别是其中反映人物风采的部分。作者为了使被自己所认可、所钟爱的人物的生活方式能够流传后世，才将这些收集到的故事汇编成册。这样薪火相传，就是所谓的文化传统。他们把"人应该如此"的愿望集中在这些人物身上，真令人感动。作为我个人而言，虽不能至，却心向往之。

现在重新再读伴蒿蹊的《近世畸人传》中的池大雅部分时，心里非常愉快，尽管以前曾认为是腐朽不堪的。书中有这样一段故事：

更可怪者，近年欲得《石刻十三经》，所开价格已至钱百贯,书贾犹不售,叹息之余乃将钱献予祇园社。时正修建神社中。在大草袋上写一巴字神舆徽纹,每袋入一贯文,于门人共着礼服,以青竹棒挑之。社司欲揭示其名,固辞。然必欲知何人,乃书玉澜二字。

我不知道《石刻十三经》是什么。池大雅在书店里意外地发现了这本书,非常喜欢,但价格昂贵,只好怏怏而回。于是池大雅节衣缩食,终于凑齐一百贯,等他带着钱再去时,书店老板又不肯卖了。另一说是,池大雅再去时,书已先一步被别人买去了。也许后一说比较接近真实。接着,池大雅表现出自己的本色。钱是为买书而积存的,既然买书不成,钱也就成了无用之物。于是便在草席袋上写一巴字,每袋十贯,与十个门徒一起挑了,名也不报,就这么捐给了祇园神社。

记载这个故事的《近世畸人传》书中还附有插图,图中一个衣衫褴褛的中年汉子坐在纸张散乱的房间里,神色安详地弹奏着三弦琴,身边有一女子以琴相和。画面极为宁静,看了使人心为之一畅,好一幅池大雅和其妻子玉澜贫贱不能移、琴瑟相和的生活写照。

大雅的画艺年轻时就已有相当高的成就,却一直默默无闻,不为世人所知。他和妻子玉澜二人把全部精力都用在如何提高画艺上,对贫困的生活状态毫不在意。他们与那些贪婪的人相反,对金钱、名利淡泊无欲,沉醉于自己的书画艺术之中。池大雅的人品似乎在当时就被许多人所称道,众多的人物逸事记中都有关于他的记载。

我第一次知道池大雅,是在森铣三的《池大雅》《池大雅家谱》等一系列与大雅有关的文章中。森铣三自己也是继承了江户时期以来的风雅之道的人物。他在书中开始时说道：

"我很高兴，能有机会撰写此文，论述近世人物中我最喜欢的池大雅。"

随后，就缔结了许多与大雅有关的文章。下面部分就是转引自森铣三书中的逸闻，希望九泉之下的森氏能够见谅。

最先记载的是大雅去世前三年的一则故事：

> 大雅素来质朴，不求文饰，少费而活。某日，修缮祇园，门前邻人各尽所能捐助费用。大雅固穷，仍捐三百钱。大雅回与妻言此事，妻曰：平素以茶或书画得钱若干，并无急用。无用而藏，亦无益，莫若奉予祇园祠。遂搜得散钱三百余。夫妇欣悦，亲自背负以往。人莫不称奇。

逸事奇闻常常在众口相传中变形。但这则故事与先前《近世畸人传》的记载相吻合，充分展示了大雅与玉澜淡泊无欲的生活理念。大雅晚年，声名日显，已不必为日常之费愁苦了。但他对金钱一如年轻时一样淡然视之，生活上依然非常俭朴。明和年间，五贯文钱值一两金子，三百贯文即为金六十两（相当于今天的六百万日元）。这样一笔巨款放在抽屉里，夫妻俩都不清楚详细数目。祇园神社来募捐，已捐了三百文了，却又把抽屉中所有的存钱都捐给了神社。

他们自己仍然住在一间破败的小屋子里，仙台画家东洋第一次去拜访他们时，惊讶地发现八九张榻榻米大小的房间里到处都堆放着纸和绢，连坐的地方都没有。大雅和玉澜的腰上都束带着四五十文钱。

东洋诧异地询问他们。回答说是为了买日常用品或者给乞讨食品的人准备的。夫妇俩一直都是这样，完全对钱财之类的淡然处之。

我以前就知道森铣三氏对古典人物的研究探索是相当细致的。对大雅这样一位被他钟爱的人物，一定是更加精心彻底地收集有关的逸闻素材。

另有水户冈野行从氏的《逢原纪闻》中的一则逸话：

> 大雅尝书淀侯金屏风。使者来致谢时，由厨房入口起满散废纸书籍，无处可进。将废纸推靠一边，让使者通过。使者致三十金谢礼，大雅谢后，将钱包径置于地。是夜，盗凿边墙而入，带走钱包。次晨，妻玉澜见墙有洞，料窃贼所为，乃问昨日淀侯所给之钱置于何处。大雅毫不讶异，直言置于地上，若无，必为盗者持去。门人来，见此状，问先生为何凿墙，回云：昨夜盗入，带走淀侯所谢金款。门人曰：墙洞不雅，当修补。答云：如此甚佳。时至夏日，可引凉风；半夜小解，可不必开门而出矣。

从这则反映大雅对金钱的恬淡处置的逸话中可以看到，其妻玉澜亦是同道中人。关于他们夫妇鄙视金钱的故事，还有下面一则：

> 大雅得书画谢仪，展扇收下，未开封，即放入身旁盒内。若见钱而数，而生欲心，则不宜。书画乃天授者，所得足付米饭味噌款，足矣。有人来收米饭味噌账款，即递出身旁之

盒曰：若内有天与之物，即取去。商人开盒取钱，算账而去。

复曰：储存足够时，可再来取。如是，手未曾沾钱。

其他书上对此事亦有同样记载，可见此事是真实可信的。本阿弥光悦也同样有终生手不沾钱财、家中不备秤和算盘的逸闻传世。

从以上几则逸事中，我们清楚地了解了池大雅究竟是怎样高洁的一个人物。他和鸭长明在《发心集》中所写的永秀法师和时光、茂光一样，认为只有在绘画这一与世俗社会不同的另一层面的艺术世界中悠游，才有无上的快乐。他们无意用自己的画艺来攫取金钱，赢得世俗的声名。他们相信自己的书画技艺都是神佛的恩赐，任何尘世的欲望都会使自己完美的精神世界蒙受污染。人们仰慕他们品行的高洁，将他们的故事汇集起来，传诸后世，就有了日本文化绵延不绝的一道清流。

提起池大雅如何地喜爱恬静清贫的生活，就不能不提及池大雅的书画。让我们详细地考察一下这种超凡脱俗的生活方式如何具体地表现在他的艺术中，来看一看完整的池大雅。

关于池大雅的书画，与大雅来往密切的清田儋叟在他的随笔《孔雀楼笔记》中一言道出了它的特征：

若欲名实相符，应称大雅堂。无诅侩之风，轻薄之习；（略）大雅书画当入逸品。毕竟无一点俗恶之气。

森铣三氏在谈到这位清田儋叟时说："儋叟也是一位品格高尚的人

物，通过儋叟来认知池大雅，令人备感兴趣。"

到底是惺惺相惜，我们很高兴地看到这一同时代人的证言。虽然很遗憾，我没能鉴赏过大雅书画的真迹，但我们看他的画集，确实是"无一点俗恶之气"。由此我们可知他的心专注于他的书画艺术，已达到何等的境界。大雅的画让人看后心情舒畅，可以说，大雅的画是文人画中高雅纯净、悠游于尘外世界的最高代表。

田能村竹田也是一位画家，他在其画论《山中人饶舌》一书中对大雅有崇高的评价，可说是又一位江户时期评判大雅的代表人物。

> 大雅池翁书画俱高，不入时眼。至殁后，声名隆盛，不论知与不知，莫不推为第一人。夫山藏美玉草木泽，水蓄明珠沙石光。有实而不可掩者如此。岂唯画哉！

我无从判别大雅是否真如其所言，不被同时代人所认可，但他死后却和凡·高一样，受到生前做梦都想不到的崇高评价。和凡·高充满悲剧性的人生形成鲜明对照的是，大雅一生平静安宁，无论生活多么困苦，如何不为世人所接受，大雅都能平心以待，毫不介意，从绘画中得到人生的最高乐趣。

总而言之，从对绘画的评论极为严苛的当时第一流的美术批评家田能村竹田氏的评价中，从清田儋叟的赞誉中，已经反映出池大雅就是在那个时代，已经得到许多文人雅士的高度评价。不管你作画的技艺是何等精湛，只要在你的画中流露出一星半点的尘俗恶气，就得不到这些文人墨客如此的赞赏。

村濑栲亭这个人也曾在他的文章里提到池大雅,森铣三氏曾引用过这些话:

我以前曾这样想:画即使灵巧,若品格卑贱,即可称为庸品。理由是,巧拙乃在伎俩的精粗,而品格则在其人。所以,自古以来,画奇,其人亦必奇。(略)近时,绘画技巧已逼近古时。然而,若论品格,何以有品格者甚少?与谢芜村却是气韵妍秀。然而,若举已脱尽纵横习气者,唯池大雅一人而已。我年轻时已知大雅其人。他蓬发垢衣,谦虚而不逆物,所为悉出人意表。

近时,善书画者无虑数十家。其中,姑不论画之巧拙,其飒飒然有出尘之思者,唯池大雅一人而已。吾早知其人,闻其行,诚有古逸民之风。彼下笔所绘,毫无尘气,自是理所当然。

这是又一则生前认识大雅的人物对他的评价。从中更能清楚地了解大雅是一位怎样高雅脱俗的人物。文人画中体现了作画者本身的精神人格。画如其人,任何人都是难以伪装的。从这一点看,大雅的人品较之于他的画技、书道,更具高雅的品位。有人评论大雅说:"他天资洒脱,不拘世故,超然于物外,其画品自然神妙。"

相传明和七年,大雅四十八岁,是年二月,木村兼葭堂在大阪举办书画大会。由于是兼葭堂主办的书画大会,一时间,京都、大阪的文人名士汇聚一堂,云集大阪。主办者当然也请了池大雅。但不巧的是，大雅被江州三井寺的圆满院宫亲王召请，没在家里。等他回到家里，已经入夜了。玉澜将请柬给他后，大雅拔腿就往大阪方向跑去。慌乱间连笔箱都忘了拿。玉澜发现后急忙追赶，终于在伏见稻荷一带追上了他。玉澜将笔箱交给他时，大雅竟然没有认出她来，他说："不知道您是哪一位？真是太感谢了。"玉澜也不回话，默默回去。

读这样的故事，真使人有如沐春风之感。

十 我画画是为了自己高兴

关于池大雅的奇闻逸事流传至今的还有很多。文人雅士通过这些故事，看到了一位自己心目中的理想人物。人们尊敬、崇拜他，对他的生活方式心向往之，因此不惜笔墨地将他的言行举止详尽地记录下来。甚至在流传的过程中根据自己的理想，更扩充进许多新的内容，以传诸后世。由此展现出一个文人心目中的理想形象：离俗、清贫、淡泊名利、专心于艺道、悠游于尘外。

艺道之中，俳谐和绘画最重视离俗。绘画的技巧再高超，画面上一旦染有尘俗之气，就难入上品。

以大雅为首的文人画家必学的《芥子园画传》中说：

宁有霸气，勿有市气，市则俗多。

俗是从市气，也即是从心里充满利害算计的商人心中产生的。一旦心里开始权衡世俗的利害得失，就不可能画出气韵生动的画作。将绘画看作是内在精神的外在表现，这也许是东方独特的艺术观。

艺术的蓝天上一旦蒙上物欲的阴影，就难以展示真正的艺术，这话同样可以在西方找到例证。凡·高生前穷困潦倒，但他在如此的困境中反而不断地画出令人不可思议的美的作品。

与谢芜村（1716—1783）是芭蕉之后俳谐文学的第一人，同时还是一位画家。无论在绘画或者俳谐方面，他都同大雅一样，最重视离俗。他曾和大雅合作有《十便十宜图》，大雅画其中的《十便图》，芜村画其中的《十宜图》。无论技法还是主题，都极为高雅。二人的艺术观点亦极其相似，芜村在他的《取句法》中这样说道：

欲知俳谐大道，无他，啸月赏花，心游尘寰之外。常以蕉翁之流为友，专以脱俗为最。

想学俳谐，必先知俳谐之道。俳谐之道，最需重视的，即为"脱俗之心"。芜村更进一步地在他的《春泥句集序》中详细地阐明了他的艺术观点：

探其角访岚雪，唱素堂伴鬼贯。日日会此四老，远离市城名利之域，游林园踞山水，酌酒谈笑，得句专贵不用意。日日如此；某日又会四老，幽赏雅怀如初。闭眼苦吟，得句开眼，忽失四老之所在。不觉间已仙化而去，恍如一人独立。时花和风，月光浮于水。是子之俳谐乡也。

心里感念着其角、岚雪、素堂、鬼贯四位故老，摆脱名利的羁绊而纵情山水。当此时,举目四顾,不见四老,唯自己孤身独立。花香四溢,月光如水,宛若身处桃源胜境。如此心境方可谈论俳谐之道。由此可知,芜村平日里就相当重视调节自己的心态,使其时常处于一种自由无羁的自然状态。

去俗,是那个时代所有艺术中最被看重的一种品格。

大雅和芜村时期最受人欢迎的画论,是田能村竹田的《山中人饶舌》。竹田在书中最为看重的,也是脱俗,认为脱俗则气韵生动。竹田对大雅和玉堂的评价极高,也因为在二人的作品中极少俗气。他说:"徂徕、东涯、雪山、广泽,诸公之字,今人竟不能作。百川、淇园、大雅、芜村,诸老之画,今人又不能写。其故何在?盖市气使然耳。"

也就是说,因为无法彻底摆脱市气,所以笔端就不可能再现他们那样高雅的境界。今人没有勇气按自以为美的方式去画,故而今画不及古画。人或存趋炎附势之心,迎合世俗流行,或以画博取世俗声名,心志卑下。所以,技巧越来越圆熟,画品越来越卑俗,因为"无他,古之学者为己,今之学者为人耳"。

古时学画或书道的人,为了探究自认为真正美的所在,才抛弃一切,倾心学艺修业。而今人只为得到别人青睐,只为人前炫示自己的才能而学艺,从艺的目的是截然不同的。竹田另在一幅自己的画上题有:

吾画在于自娱,非为娱人也。

芜村在明和七年,五十五岁的年纪时,首次取得了宗匠称号。如果他自己想要的话，早就该得到这世俗的荣誉了。芜村成为文坛宗主后依然门庭冷落，访问者甚少。芜村死后，他的弟子在悼念他的文章里这么写道：

> 昔，翁于平安之地创起生业时，人或不诵，亦不能信。其意趣高妙，故入其门者不达其意而悖于师。翁谢曰：履满于户何益，闭户自眩耳。

这话和田能村竹田"自娱"的心境是相同的。芜村始终孤高自恃，哪怕只有少数几个人真正理解自己。与大雅的《十便图》相应，芜村在明和八年（1771年）画了《十宜图》。

> 不二埋下一片为嫩叶
> 春夜天明，光在其中
> 牡丹散落二三片

芜村独特的绘画般的俳谐产生于这一时期。
"俳谐用俗语，崇尚离俗；离俗而用俗，离俗之法最难。"
《春泥句集序》中的这一诗论，从下面这句俳句中得到最好的体现。

> 迟日积累，恐是遥远之古昔

近代日本的代表性诗人荻原朔太郎评论这句俳句道："此句所咏叹

的是对遥远的时间彼岸的心灵故乡的追思怀念。"(《与谢芜村——乡愁的诗人》)

对芜村的代表作之一：

　　忧愁登丘，是花棘

荻原认为，"《忧愁》一辞蕴含无限的诗情。当然，不是现实的忧愁，是一种远远地眺望着心灵空漠的忧愁，那忧愁宛如飘浮青空的云彩，或者游子远行异乡的旅愁。"

歌咏着现实的景物，心却悠游在遥远的桃源故乡。荻原朔太郎由此感受到"遥远的时间彼岸"，感受到"心灵空漠的忧愁"。

　　月挂天心过贫町

荻原对这句俳句的鉴赏，给人留下特别深刻的印象。

"月挂天心，是说夜已很深了。独自一人发出响亮的脚步声，走过杳无声息的深夜街道。道路两侧，人们都已闭户入眠。天空中，中秋月清凉，如水一般的月光孤零零地照着大地。此情此景，不禁使人感到对人生悲凉的感叹和无法排遣的寂寥萧索。月光下，一个独自经过深夜后街的人，谁都会沉浸在这种诗情之中吧。人们迄今都无法捕捉这种场景，把这种心绪淋漓尽致地表达出来。而芜村的俳句却在最简短的诗行中把握住了这种深远的诗情，真可称之为千古名句。"

我画画是为了自己高兴

由句子到心境，借助朔太郎的评解，我们可以更深切地体会到芜村的诗境。芜村不是在高高的天上俯视这寂静的"贫町"，他自己就处身于"贫町"（尘俗世界）之中，但他的心却随着天上清澄的月光眺望大地。这就是芜村所说的"离俗"。

十一 我家也在积雪中

芜村的画当中，我最喜欢的是那幅描绘雪景的《夜色楼台雪万家》。横长的画面下方一大片的平房被厚厚的积雪覆盖着，中央二间可以看见窗户的大房子，同样被雪覆盖着。房屋四周亦是白皑皑一片。画面正中的棱线由左向右斜倾。画面上方是一大块广阔漆黑的夜空，夜幕中，大雪纷纷飘落。

整个画面不见一人踪影，却让人感觉到就在这厚重的积雪下，有一大群人正活生生地存在着。积雪的夜，是多么美好。芜村凝望着眼前的画面，心里情不自禁地涌起一种空漠辽阔的诗情：

灰中埋炭火

吾栖身之家

亦在积雪中

明治时期伟大的启蒙家、俳人正冈子规在《芜村句集讲义》中论及此句时说："作者并不是从外至内地看，而是从处身的屋内想到自己被雪深埋着的情景。"

和先前的"月挂天心过贫町"一样，从此画中可以感受到芜村身居尘嚣却神游尘外的想象力。坐在被大雪覆掩的寒室中，火盆的炭火熊熊燃烧，温暖着被冻僵的双手，芜村的眼前映现出一幅天空大雪如絮，千家万户为雪深掩的画面。"吾栖身之家亦在积雪中"，一个"亦"字，诗情涌动，芜村又将这诗情化成画。这可能是第一幅芜村风格的雪景图画。

同时，把这些埋在雪中的一间小屋称为"吾栖身之家"，从中透露出芜村对汉诗的喜爱和对隐逸先贤的仰慕之情。栖身之家是指遁世隐身的暂居处所，不是扎根于世俗世界的永恒宅邸，暗喻芜村最终是要迁移到别处去的，眼前的一切，包括自己的身体，不过都是随时可舍弃的旅行器具。怀着这般随时远行、处处暂居的心情，而将自己的住处称为"吾栖身之家"的时候，芜村心里不禁想起自己敬仰的先师芭蕉的诗句：

暂居草庵
又已毁坏

但芜村自己并没有像芭蕉一样，为离俗而走上自称旅人的漂泊之路。而是默默地生活在市井人间，培养自己感悟的诗情。他对芭蕉的崇敬之心绝不比任何人逊色，但仍时时清醒地认识到师是师、我是我。像这样有清醒自我认识的人，心底一定存着"大隐隐于市"这句话。他自己不以大隐自居，潜身于市井当中默默地培养自己的离俗之心；

他明确地认识到老师和自己的异同，坚决地走自己的道路。

吴春的画笔曾这样描绘芜村，芜村身穿墨染的衣服，颈上围着白色围巾，前额突出，秃顶，神态祥明。他弓着背，似寒冷状，双手放在铜火桶上烤着，眼睛看着地板上的书。恐怕这是最好地表现出芜村特征的一幅写实作品，看了这幅画，会令人不由得诵颂起"灰中埋炭火"之句，浮现出《夜色楼台雪万家》的画面。

天明二年（1782年），芜村写出了明确意识到自己和芭蕉不同的桧树笠辞：

> 花落
> 身下暗黑
> 桧树笠

不羡慕在吉野之旅中所见到"赏樱花桧树笠"的风流景象，只在家中为浮世之业而操劳，纵然此事当为，但一无所成，终于辜负了烟霞花鸟，这类事世上不知凡几。可是，目前似乎只有我一人如此这般，因而不想让人知晓。

芭蕉在他的《芨之小文》中咏道："吉野里，赏樱花桧树笠。"而芜村认为，这种漂泊于旅途中的诗情，并不属于自己。自己是一个不能彻底脱离凡俗的人，虽然闭居于市井贫困的陋室，整天碌碌无为，但这是自己的境遇，属于自己这种散漫的人。

与其说这是卑俗的自我辩白，不如说是芜村敞开胸怀的风雅宣言。隐于市井，与前文中"俳谐用俗语而崇尚离俗，离俗而用俗，离俗之法最难"的心境是一致的。他相信,处俗而能离俗,远较漂泊于山水间为难,是真名士自风流。

从鸭长明在远离市尘的方丈之居发现风雅以来,住世外桃源之地,或行行复行行地从一地旅行到另一地,成为隐者逸士的时尚习惯。而只要在心中去除俗念,纵然处身市井之中,亦可有真风雅。芜村可谓首领风骚,开一代新风。同时他似乎也并不主张刻意地模仿芭蕉,包括他行行复行行的一生。芜村的这种人生观与池大雅近似。而羡慕这类画家与俳人的生活方式,并将这些记录下来的人,一定也会有同样的心境。

问题的关键在于心根有无俗气。人们大多轻视那些技巧高明,但浑身充满铜臭的艺匠,文人之间最受尊崇的是品格高尚的人。贫穷绝不是遭受贬斥的理由,相反,清贫乃是磨炼高雅志趣与离俗之心的必备条件,这种简朴无欲的生活方式反被视为尊贵,因此人们才会竞相描述池大雅和芜村的逸事。

但是,人究竟怎样才能达到离俗的境界呢?

芜村是这么认为的,《春泥句集序》中记载有他和召波关于离俗之法的问答。

召波:"你刚才所讲的离俗之语,趣旨深奥无比,但是否存有自我追求的方法?是否有自然而然的离俗捷径呢?"

芜村:"有的,你可以谈论诗歌。你原来不是精于作诗吗?那就不必求之于诗外。"

召波:"但诗与俳谐趣旨存异,这样放弃俳谐而谈诗,是不是迂阔呢?"

芜村："画家也有去俗论。《芥子园画传》中讲：'画欲去俗，无他法，多读书。书卷之气上升，俗气自降。'画中除俗，亦须舍笔读书。诗和俳谐亦同此理。"

召波："我明白了。"

这里的诗是指李白、杜甫、陶渊明等古人汉诗，芭蕉和芜村都相当喜欢。从中既陶冶了自己的诗情气质，又学到了古代先贤为人处世的方法。

这里所谈的离俗之法，不但是指作俳谐诗的时候，乃是与生活方式和心理状态都有联系。除非整个心灵都澄明净化了，否则就不可能孕育出离俗的千古吟唱。

我觉得最值得珍视的是芜村不仅仅为后人指明了一条文艺之道，更描画出一个文人雅士的典范形象。传统一词常被人视为一种定式，一种相对固定的文化积淀。而芜村在此基础上，融合了对文学、对人生的心灵倾向，创立出与追求现世名利的世界观截然不同的、遨游于另一乾坤的世界观，向世人展示了那个时代高度的思想文明。

从江户时期一直到近代的明治、大正、昭和年代，这种身在市井，而心游尘外的人生境界虽然没有成为社会的主流，但自芜村开始，一直广泛地在民间传播，在普通庶民中脉脉相传。即便是现在，这个生产和经济万能的时代，庶民中仍隐隐可见少量的古先贤遗风。事实上，我自己就曾见过好几个淡泊名利、心底清澄的人物。一种优秀的文化，即便没有表现在文学和书画中，也会在人们的心灵间得到发扬和继承。

许多年轻的艺术爱好者热衷于探寻咏诗作画的门径，但他们能否接过先人的离俗之风，并使之继续发扬光大呢？

十二 芜青是草，不该把它当花看

橘曙览（1812—1868）这个名字，在当代日本几乎已经湮没无闻。他是幕府时代末期的歌人，明治时期后，正冈子规对他那万叶风格的和歌给予了极高的评价，逐渐开始变得有名。我非常喜欢他描写朴素生活的和歌，每每读后，都有一种亲切感。在橘曙览的《志浓夫迺舍歌集》中，有这么一首咏唱大雅夫妻以及玉澜的母亲百合女的和歌。

  一叶含苞
  身朽于野
  姬百合之花

  势田桥畔
  投扇入河
  思见彼扇否

  此笔
  非修眉笔

乃画山水

透纸之笔

这些和歌都是依据大雅的有关逸闻而作，由此可见，橘曙览对大雅是非常倾慕的。

大雅在他尚未成名的年轻时期，他的画，根本就无人问津。他曾经在祇园内设摊，将自己画过的绘扇放在草席上展示。日复一日，连一把绘扇都卖不出去。当时，百合女从其母亲梶那里继承下来的茶店也正在祇园内。百合女家道渊源，其母亲梶著有和歌集《梶之叶》，百合女自己则有和歌集《佐游李叶》流传于世。母女二人皆好风雅之道。百合女很看重大雅，时常光顾他的画摊，最后甚至将女儿玉澜也嫁给了他。

大雅学画，师从柳里恭和祇园南海。虽已有相当火候，依然是寂寂无名，难以画艺为生。大雅从近江售画回家，途经势田桥，望着滔滔的河水，心想："既然谁也不要我的画，不如贡献给河神吧。"一怒之下，将画全部投进河里。

橘曙览显然是了解这些逸话的。因此才有百合女抚育女儿町之歌，才有大雅弃扇之歌，才有玉澜与大雅两人亲昵地共同作画的和歌。

玉澜也是人品极其高贵的人物。她和大雅共同生活，丝毫不以贫穷为念，专心沉醉于绘画世界之中。她自己的画亦可称上品，森铣三在介绍《云烟琐谈》中的逸闻时曾说："若欲举出闺秀中精于南画者，必以玉澜为第一，这不单是田能村竹田一人之说，几乎可谓自古定论。玉澜以其百合女之女，大雅之妻之身份，即已令人称羡，何况其人品高雅，笔墨精湛，其遗墨宝当然为世人所看重。"

在我所见过的玉澜真迹当中，最让我把玩不已、难以释手的是现为小云氏收藏的那把折扇。虽然是她随手描绘的山水作品，但却充满情趣。扇面左上方有大雅亲书沈佺期的诗句："泉临香涧落，峰人翠云多。"书法亦精妙无比。

这把折扇原先归司马江汉所有，在盒子上可以看到江汉所书的"大雅藏、玉澜画"六个字，在此下方则以罗马拼音写有江汉的名字。扇的背后记录有下面的文字：

> 三浦侯大夫九津见氏，俗称唐人吉左卫门，乃风流第一人。自信州至京都，在玉澜茶店购得扇后，复持扇访请大雅赐字。此后至江户赠扇予我，迄今已珍藏有三十年。今，胁坂氏来求此扇，乃予之。文化元年（1904年）甲子暮，春波楼主人题。

由此可以确认，扇上所题书画，乃大雅与玉澜的真迹，实在是相当宝贵。又经过江汉氏长期地珍藏把玩，更属难得。像这样的艺术珍品，可谓世所罕见。

按森铣三的注解，九津见吉左卫门此人，就是以才情闻名的荻生徂徕的门人，源京国的九津见华岳。他得到这把扇子后，又转赠给了司马江汉。通过一把扇子，文人之间的心灵沟通和交流，是多么美好的一件事。

总之，橘曙览是了解玉澜的，因此才写出这样的和歌。

橘曙览是福井人，三十五岁时，决心"将祖先遗传之家业财产悉数让与兄弟宣,飘然隐于城南之足羽山,专攻文学"。至其五十七岁死去之前,他不以生活艰难为意,专心咏歌而生。他的和歌直至明治时期,子规评价道"曙览的和歌构思有超迈万叶处,而其歌调则多有不及万叶者"之后,始为世人所知。

  希求美蝶
  少女汗落
  春园之花

  非人间之歌
  深夜鬼来
  密传天启

  嫩叶初绽
  眼底山树
  莫不清丽无畴

  歌中充满了对生活的真情实感,难怪子规喜欢,歌中几乎都带有明治歌人所咏唱的新鲜感。
  曙览的作品中,最有名的或许就是那首《独乐吟》。

  珍奇书籍
  向人展示时
  不亦乐乎

妻子和睦

并肩就餐时

不亦乐乎

偶尔烹鱼

诸儿大快朵颐时

不亦乐乎

漫然披卷

偶见类己之人时

不亦乐乎

  他曾作了数十首这样的和歌，每一首咏唱的都是贫困生活中刹那间的感悟生命的喜悦之情。今天读来，依然觉得心心相通。
  对这些无名的歌人有很高评价的福井藩的臣僚中根雪江，是曙览的启蒙老师，他在评论曙览和歌时说：
  "其歌风之境已日益提升，超乎世俗，而重上代之心，原原本本咏唱世间发生之事与心意所兴之意。"
  "余始为先进，今已不如。"
  由于中根雪江的引荐，其主人松平春狱也非常看重曙览。受安政大狱的连坐，松平在幽居江户期间，曾经让曙览选录一批万叶秀歌，书写在房间四壁，用以抚慰自己的心灵。
  元治二年（1865年），由中根雪江做向导，松平曾亲自访问曙览的住处。为其贫寒的生活所震惊，写下了这篇《至橘曙览家词》，这是一个显赫的贵族眼里，一个贫寒的隐士生活的真实写照，故而相当有趣，现试译如下：

　　以前，只要是博学多识之士，不管身份高低贵贱，我都想去拜会一下，或探明事理，或听闻故事。难得今天万里晴空，气候温暖舒适，如此佳日，田野山川的自然景色一定非常宜人。上午十时，击鼓起行，行至三桥，中根雪江趋前报曰，前方隐隐可见之房屋，即为曙览之家，于是便起意往访。

　　走近观看，一幢简陋的小木屋，没有围墙，处处散落着生活用具，尘埃遍积。心怀惶恐地走进屋去后，师贤大声地呼喝道："参议殿下来访！"屋中才见有人出来迎候。

　　进入稍微宽敞一点的里屋一看，四周墙壁剥落，纸门破败不堪，榻榻米从中裂开，似乎连房屋都是漏雨的。桌上却层层叠叠地堆满着各类书籍。奇特的佛龛中放了《万叶集》的歌人柿本人麻吕的人丸像。我脱下外套，换上一件下人所穿的衣服。将扇子交给随侍医官半井保，让其交给曙览，并对曙览说道："尔所居屋名草居，不妥。既以橘为姓，不如就此改为忍屋。"

　　屋里肮脏不堪，处处似有跳蚤爬出。但是，透过这表面的极端贫困，曙览一开言，其风雅之实顿现，令人羡叹。我虽以万金之身住高楼，食美馔，用无不足，但较之曙览之胸罗万卷，精神上实为赤贫，思之汗颜。此后不仅当咏曙览之歌，亦当学其心之风雅。

　　常涤心灵污秽，以世外花月为友。子孙者亦当谨记。

参议正四位上，大藏大辅源朝臣庆永，元治二年二月末之六日，归馆记。

松平春狱是幕府末期的名相。从其文章中可以看出曙览的住居是何等污浊困顿。如果被访问的是鸭长明的方丈庵或者兼好法师的草庵的话，由于他们都是单身，又注重整洁，所以即使会为他们的贫困感到吃惊，但不会到可怕的程度。曙览孩子众多，衣衫褴褛地在住所周围游荡，容易使来访者心里感到可怕。但一旦你和曙览打开话题，他那高雅博识的胸襟立即展示在你面前，和生活贫寒的曙览相比，身份高贵的松平春狱，亦自觉心灵是多么贫寒卑微。

曙览好像曾写过四十五首《独乐吟》，送给春狱的家臣胜泽愿。胜泽便在他当班的时候呈送给春狱，春狱说："在我看来，既新鲜，又有趣味。除人情之极境外，意兴纷呈，杂然多样。我这不通民情的人也有许多心事想要倾吐，遂仿之而成五十首。东施效颦，不值一哂。"

从模仿曙览的《独乐吟》五十首此事中可以看出，松平春狱自觉在风雅之道一途上是何等低劣卑微。春狱的仿作载于《志浓夫迺舍歌集》，这里不准备详细介绍，有兴趣的人可以去查看。

春狱在拜访了曙览的住居之后，曾派侍臣谕告览移居城里，为他讲解国书。曙览固辞不受。歌集中写道：

二月二十六日（元治二年乙丑）

宰相出狩，顺道来访，悠然入草庐，感激之至，恍然如梦，兴奋泪下。

> 贱夫亦蒙青目
> 今日主君驾临
> 忍屋中
> 其后，以川崎致高为使，令我登城，欲贫贱之身至御前侍候，固辞。
> 看似鲜花
> 常见即芜青
> 亦在田庐绽放

书上提及的春狱侍臣川崎致高，以前是曙览的学生，也是一位风雅之士，遭逸于明治二年自杀。

芜青是春天的七草铃菜，看来似花，常在田野乡间绽放，爵爷是不该将它当花看待的呀。曙览的心，始终在自然田野间，随意而自在。

> 如意静观
> 山水时
> 不亦乐乎
>
> 读书困倦
> 识者叩门时
> 不亦乐乎
>
> 客人来访
> 瓢中有酒时

不亦乐乎

这样的乐趣，仕途中人是无法得到的，只有在不依赖他人、独立独行的贫困生活中才能感受。风雅的真谛即在于此。

曙览死于改元明治那年八月，他的一生，贯穿于幕府末期的激荡岁月；他的志趣，充分地展示在他创作的和歌里。

不论在天在地
吾唯咏歌而游
纵入幽世
亦与此世同
咏歌而已

十三 潮水瞬间淹没了沙石

江户时期，最受文人喜爱的古典作品可能就是《枕草子》和《徒然草》。灰屋绍益的《赈草》就明显地带有依《徒然草》之例取名的痕迹。与谢芜村也写过不少模仿《徒然草》的短文。在一般读者看来，众多江户时期的随笔集都曾受到《徒然草》的影响，它不仅是文章体例的范本，更是文人雅士养护自己心灵园地的古典乐园。

吉田兼好（1283？—1352 以后），是一个非常复杂的人，很难简单地分属归类为哪一类作家。和蒙田的《随笔》相类似，作为日本古典文学作品的最高代表，《徒然草》一书体现了作者吉田兼好对人生世相的观察是多方面的，他目光敏锐，表现力极强。《徒然草》时而谈情趣，时而论理念，时而说世相，并不拘于某方面。而其中最具撼动力的无疑是他对人生中死亡问题的剖析："不论年轻、不论强健，人生之死期，难测。"在他之前，可能还从没有人对人生死亡的心境做出如此明确的描述，如此自觉坦然地面对死亡。

　　四季尚有固定之序，死期则无。死非自前来，往往由后

逼至。人皆知有死，然尚未及待，已悄然袭掩而至；宛如浅滩相隔千里，潮水瞬间已掩至脚边沙石。（第155段）

在这样短的篇幅内，吉田以他雕凿般锐利明快的笔触，表达出死亡如同潮汐般袭掩人生的自然本质。作者源于平时不断对人生死亡问题的思考，才能写出如此生动有力的比喻。因为不知道死亡什么时候来临，生命便无时无刻不在死亡阴影的威逼下浮沉。而《徒然草》的魅力就在于它不是像《一言芳谈抄》中的和尚那样，消极避世，一味地劝人厌离秽土，而是奉劝世人要自觉地珍惜生命。

是故，人当恨死爱生。存命之喜，焉能不日日况味之？（第93段）

话虽不长，却令人过目难忘。"宛如浅滩相隔千里，潮水瞬间已掩至脚边沙石。"文笔生动形象，叙述死神来访的难以预期。笔锋一转，当即用如此断然的语气，表达了自己"人当恨死爱生"的想法。虽然也有人曾表达过生命时时处于危险状态这一认识，但由此而转换成对人生的喜悦之情，可谓是前所未有，《徒然草》展示了一种全新的生死观。

这一段落是《徒然草》全篇的核心，对江户时期文人思想引起巨大冲击也就在于此。我们不妨再稍稍延伸开一点去，看一看整段全文。

是故，人当恨死爱生。存命之喜，焉能不日日况味之？

愚人忘此乐，忘此财，妄贪他财，则志难满。生时不乐生，临死而惧，诚荒谬之至。人皆不乐生，盖不畏死也。非不畏死，乃忘死之将临也。若不着生死相，当可得圆实之理。（第93段）

人活着，在天地间自由呼吸着，还有什么比这更高的快乐呢？恨死，便应当时时在心里体验这种快乐，享受美好的人生。凡夫俗子们感受不到这人生的至高快乐，把这最可宝贵的快乐撇在一边，一味地去追逐世俗的声名和浮财，心里永远也无法得到满足。生而不知生命之快乐，临死则因恐惧而不知所措，这种人真是令人感到难以理喻。人之所以会忽视自己现实存在，是因为人不怕死吗？不，谁不畏死，"乃不知死之将近也"。

人生最可珍惜的既不是财产，不是名声，也不是地位，而是时刻意识到死亡难以避免的生命存在，活着，并且感受着生活的快乐。这种积极的、勉力向生的人生观，对于那些消极避世的江户时期文人，具有相当大的激励作用。

他们原先都立志摆脱现世的名缰利锁，自觉忍受现实世界的贫穷，心灵的目光始终专注于与尘世截然不同的另一风雅世界，并由此去探寻人生的终极意义。所以在普通民众眼里，这些人无疑都是现实生活中的逃避者。对他们来说，兼好的这些话恰好可作为回归现实的理论支柱，鼓励他们将目光收回到自己脚边每一棵在风中摇曳的、湿润鲜活的小草上。

怎样才是"存命之喜，日日况味"的生呢？兼好对于这种生活方式也有具体的描写。

以无所事事为苦的人，心境究竟如何？心无所移，一人独处，最为佳妙。

随顺尘世，则心易为外界尘欲所迷；与人交往，则言辞易为他人之听闻左右，而丧失内心之纯正；与人游戏，与人竞争，时恨时喜，不得安宁。分别之念时起，则得失之心无已时。

迷惘进而沉醉，沉醉进而为梦，人莫不到处奔驱，营营为生，而忘了自我。

纵使不知真正的佛道，犹能脱离俗缘，置身闲雅之所，不理俗事，以谋心安气闲，虽为时甚短，亦得安享人生。诚如《摩诃止观》所云：当息生活、人事、技能、学问诸缘！（第75段）

不知那些将工作日程表排得满满的，每天忙得像陀螺似的人究竟是怎么想的。我认为，人应当不为世间名利所困扰，专注于自己的心灵世界才好。

一般世人生活，心里容易为钱财、名声、情欲所迷；如果重视与别人交际，则会被电视报纸中纷繁杂乱的信息左右，从而丧失自己。原先以为是意气相投的朋友，转眼间彼此反目，恨喜交集，了无已时。如此循环往复，好像一个酒徒陶醉于杯中物似的，追求酩酊大醉后的梦幻之境。人们在尘世的泥淖中渴望跳跃，殊不知自己的双脚早已沾满了现世污浊的泥泞。

《摩诃止观》中劝人斩断生活、人事、技能、学问诸缘，心安气闲地享受生活。如此才能得到真正的心灵的平静安宁。这道理对一般不明道义的人来说，同样是适用的。

兼好认为，尘俗世界的生活，人会被各种欲望所迷执，难以体验到真正的心灵宁静。唯有"放下诸缘"，与现实世界拉开一段距离，才能实现纯粹的心灵观照，才能享受真正的"存命之喜"。《徒然草》通篇都以此观点作为全书主旨。

对于这个观点，尽管众说纷纭，有各种不同的看法，但我觉得已故的上田三四二先生在《俗与无常——〈徒然草〉的世界》一文中，表达得最为妥切，上田先生认为：

> 兼好在表达这种人生观的时候，感觉自己变成了一个透明的竹筒，筒中一无杂物，通体澄澈，洋溢着纯粹的时间。这是一具已除却一切内容的透明竹筒，是一种无限确实又纯度极高的生命触觉。

上田是医生、歌人，也是作家。他在四十多岁的时候得了癌症，在生死线上数度挣扎。对人生的死亡问题有他自己深刻的探索。以上便是他通过自己的切实经验对兼好的评论。对他来说，《徒然草》中所描述的一切已成为他自己生命中的一部分。

在他癌症后期，他曾拖着手术不久后病弱的身体，到东京参加他侄女的婚礼。他在他最后的小说《祝婚》中对临死前的生命感受这样描写道：

"想起堂兄年方弱冠便抽取到战争之籤的不幸，六十年的生命，也就够长了。也许每个人都有自己的生死定数。他无所悔恨,也不勉强自己去做什么事。静静地、平实地怀着感激之心享受着失去前列腺和膀胱的生命的最后的日子。余日无多,活着的每一天都是上天额外的恩泽,是自己的福气。他想如同一步一步走下坡道一样,体验完整的人生乐趣,走完最后的黄金一般贵重的人生之旅。"

写作这篇小说的时候,上田对《徒然草》中的"存命之喜,焉能不日日况味之"一语有了最纯粹、最充实的体会。此后不久,他便告别了人世。我想,在他生命的最后日子,他一定活得非常充实。

由于思想力强,对人生的认识透彻,《徒然草》的影响力至今流传不衰。对江户时期的文人而言,它同样一定是一本决定他们人生态度的古典指南。兼好虽也主张远离尘世,但他并未出家弃世,同江户时期大多数文人一样,他也是居住在尘世中生活着的凡人,一个市井俗子,因而他的思想更容易在读者间产生共鸣。

现代人已经无法满足无形价值这类模糊的抽象说法了。任何有价值的东西,除非用实在的货币数字化,否则便不具有丝毫实际价值。连小孩子的学习能力、艺术天分直到生活的富足程度,一切都要换算成数字来表达,数字越大才越令人安心。对人而言,虽然目前平均寿命已达七十多岁,但仅仅是肉体生命的延续究竟有什么意义呢?能有多少价值呢?生命的真正意义,取决于人的精神世界的充实与否,和数字没有任何关系。

生命可贵

天日辉煌

人身恍惚

让闲日粗放

让一日作两日活

虽然已不能参加任何社会活动,最后一次手术后的上田,在病榻上依然谱写着生命中最动人的华彩篇章,每一个清晨,每一个黄昏,时时洋溢着无比充沛的生命活力。像这样精神上的充实感是那些为日程表上的安排而疲于奔命的人所无法想象的。对争分夺秒地为尘世利益奔忙的人来说,很多人无法理解"活着而有生命"的时间,与可用数字测度的时间,是两个完全不同的层次的概念。

尾崎一雄在他身患重病之后的小说中,借文中主人公的处境,同样有对生命意义的感受。

尾崎一雄自从战争中大量咯血后,一直卧病在床,经受了长期的生死考验。战争结束后相当一段时间才得以恢复。那一时期的心境详细地反映在他的小说《来自美丽墓地的眺望》当中。小说中写道:

晴朗的日子,风和日丽的下午一两点,是绪方幸福的时刻。这段时间里不必担心发作咯血,即使大声讲话胸口也无反应,也不会感到气急。所以自然就变得大声说话起来。

绪方起床,来到走廊上。他点着香烟,缓缓地将烟吹向晴朗的阳光。他凝望着庭园中正吐芽欲绽的花草,心里涌现出一种再无所求的幸福感,"我活着,在这里呼吸着",心里系念着的一切,眼前映现的一切,都成为恒静而难以割舍的爱惜对象。

小说中的主人公，在他的生命笼罩着巨大的死亡阴影的时刻，依然使自己的心沐浴在生命阳光的温暖中，"我活着，在这里呼吸着"。尾崎一雄用现代语言表达了与《徒然草》中"存命之喜，焉能不日日况味之"同样的思想。文章中表现的对生命的认识，对生命存在的感激之情，完全跨越了时代。

一想起"存命之喜"这句话，我的脑海中立即就记起尾崎一雄的这篇小说和上田三四二月下散步的文章。由此想到竟然有人对生命本源做出如此深层次的感悟，包括自己在内的普通身体健康的人，对自己存在的人生，是多么浪费！

兼好在《徒然草》中写道：

> 像蚂蚁群集，东奔西走，南行北往。这类人当中，有身份高贵者，也有低贱的平民；有老人，也有年轻人。其各有可去之处，各有可归之家。迟眠早起，忙于工作，所为何事？贪生求利，无已时耳。生以待何事？所期唯老死而已。老死之来临，迅速而不稍待。等待老死，何乐可言？迷者不惧，盖名利熏心，不顾死之将至；愚者悲之，乃冀常此不灭，而不知变化之理。（第74段）

真是奇迹。14世纪的吉田兼好对人生的看法，和20世纪的尾崎一雄与上田三四二竟然如此类似。他的随笔文章一直受到世人的推崇，他的思想在人们的心里传衍不息，成为一个国家的文化底蕴，在20世纪现代人的心中同样产生共鸣。这便是所谓的文化传统。真正优秀的作品是带有普遍意义的，超越时空限制的，《徒然草》至今依然是现代人不灭的精神乐园。

如果说疾病是人生的大挫折的话，那么，很多人往往经此挫折，才真正体验到生命存在的价值，身体健壮的人往往不肯稍稍驻足，去凝神谛听自然生命的律动，他们脚步匆匆，与生命中真正的幸福擦肩而过。

十四 青蛙扑通一声跳进水塘里

人生并不是像铁轨一样,可以向未来无限延伸。生命中片段的一时一刻构成了整个生命历程,生命之链也许就在明天,会因疾病或某个不测事故而发生断裂。现在就是一切,人不能割裂某一时刻而活,只有现在,才使过去和未来具有意义。所以吉田兼好说:"人当恨死爱生。存命之喜,焉能不日日况味之?"

由此,对和歌和俳句的作者来说,他们所作的歌和句子都是生命的最终吟唱。我想,上田三四二晚年的那些和歌便都是基于这种想法而写的。花间漫步的他,心里感叹着眼前所见的怒放的花卉,都已是最后的美丽存在,生而有涯的人生片刻,能目睹这"临终之花",是多么值得感激的一件事情。真正的文学作品大都是歌咏人生某一时刻的瞬间感悟。

有一本记载芭蕉临终时言行的书,叫作《芭蕉翁反古文》的文籍,其内容与其角和路通所记载的近似。虽然被人认为是根据若干人的见闻而写的伪作,但从中也可以窥见少许真实的成分。书中写道:

支考、乙州等人问去来,去来会意,便至榻前问师曰:古来名匠宗师临终,多有辞世之歌留世。稍有名气之人,辞世亦甚悲凉。若师能遗一言存世,门人之愿足矣。

师回曰:昨日之言语乃今日之遗言,今日之言语乃明日之遗言,吾一生所吟之句,不惜以一句辞世。或问:吾辞世如何,自来所吟之句,莫非辞世也。诸法从来,常示寂灭相,释尊辞世,一代佛教之主,不外此二句。娃跃古池之水声,自此句后,吾所言皆为辞世也。其后,纵吐百句,亦莫非此意。自是句句莫非辞世。

芭蕉(1644—1694)是否真的说过这话,现在已无从考证了。他的弟子们了解芭蕉处世为人的风格,因而才会有这样的伪托之作问世。路通在其《芭蕉翁行状记》一书中便有:"自占任谁莫不留下辞世歌,翁亦自留下。平生之言,皆为辞世,故临终无一言存世。"此话真正体会了芭蕉处世的本意。

即便是芭蕉弟子们的伪托之言,从中也可以看出,芭蕉对其所有的作品都是倾尽全力的。他只写自己真正满意的作品。我们现在所见到的芭蕉的作品,没有一首不是体现了这位天才俳人的全部心血。所以,他的作品为日本人所珍爱,没有芭蕉,便无从谈论日本文学。

初曙

白鱼微

露白

大海日暮

鸭声微

泛白

有趣

随之而来

是悲舟

荒海

横跨佐渡

是天河

捕章鱼之壶

悲情之梦

为夏月

这些句子，在日本可以说是家喻户晓，已经成为日本国民文学的一部分了。而对芭蕉稍微留意的人，便会知道：

听猿声

叶子

在秋风

狂句乎

严冬之身

似竹庐

病雁

没入寒夜

难再飞

残春

惜为

近江人

歌中的韵律是何等严谨,隐约地可以感受到芭蕉舍身求道的志趣。无论从何种意义上都可以说,芭蕉开创了这个国家的文艺之道,创立了一个风雅的典范。诚然如与谢芜村所感叹的那样:

芭蕉已去
之后
年未暮

德川前期的俳人服部土芳在他的俳论著作《三册子》中,以"风雅之诚"为中心,论及芭蕉晚年的人生主张与俳风时记载道:

师曰:"乾坤之变,风雅之种也。"静物,不变之姿也;动者,变也。有时不欲止,亦不可得。止者,见闻也。飞花落叶之散乱,若不在其中见闻,无由知悉。活者自消失无迹。又,至于作句,师云:"物所显现之光,尚未在心中听闻,已倾述而出。"

人活着,每一刹那眼前所映现的,都是现时的存在。当飞花落叶,心里感动的瞬间,才是真正的风雅之境,落叶入土,飞花流水之后,一切都已尘埃落定,风雅之心随之失去了现时的依托,再无踪迹可求了。把握它,只有在"这一时刻"。

"物所显现之光,尚未在心中听闻,已倾述而出。"对这句话,我是这样理解的:对芭蕉这样的人,俳句创作,是一种心灵在苦吟运作过程中所产生的经验,一经成形,就像脱壳一样,便成为一种独立存在。作者在心里酝酿的过程中,才能体验到它。思想并不是一件有形之物,把持住它就能够保留下去。当你具有某种体验时,创作之神便会自天降临。而一旦灵感结束,作品便成为自己精神之外的客观存在,就如同记录心脏律率的心电图一样。

芭蕉在他的作品中倾注心血最多的是连句。连句是一种众人合吟的和歌,每人一句,合而为歌,参与者称为连众。连句中也有俳谐,所以一卷翻完,该卷就成了死物。虽然这种说法过于严厉,但文艺之道如此,人生亦是如此。生命存在于现时的每一时刻,过去的体验无法重温,人只有在新的情境中全力以赴。迟暮老人的人生垂训,是没有什么意义的。

有云当悟高而归于俗,此即悟风雅之诚而归于今之俳谐者也。常在风雅,即指心色成物,句姿已定,则取物自然不造作。若心色不定,则巧辞为文而已。是则不务诚,心之俗也。

务诚者,于风雅中探寻古人之心,近则当知师之心,不知其心,则无诚之道。(《三册子》)

这已不仅是在论述俳谐之道,更是在探究人生之谛了。芭蕉在别的地方,也曾多次提到"探寻古人之心"这一说法。我对俗称《柴门辞》的这篇文章非常喜欢,以前曾经数次引用,不妨在这里再提及一次。

森川许六是近江彦根藩的藩士。元禄五年(1692年)八月,因参勤交替随藩主离开藩地,投入芭蕉门下当弟子。翌年五月回藩叙职时,写下这篇《柴门辞》。

许六擅长绘画,好风雅,他在芭蕉门下的这段日子里,与芭蕉数度促膝长谈。芭蕉曾问他:"缘何喜好绘画?"许六回答说:"因为风雅而画。"又问:"为何爱风雅呢?"回答说:"因为喜欢绘画呀。"学为二,用则为一,"君子耻多能",许六的这种心境是何等高洁。临别之际,芭蕉就以此句作为赠言。在这段记载之后的文章中记述道:

予之风雅若夏炉冬扇;逆众无所用,仅为释阿、西行之语所激,而入风雅之道。后鸟羽上皇有云:"此皆歌有实而含悲。"当以此御言为力,全力以赴。"勿究古人之迹,当究古人之所求",亦见于南山大师之书道中。遂云风雅与此同,乃提灯送至柴门外而别。

自己的风雅如同夏天里的炉子,冬天里的扇子,在一般世人眼里,是一件毫无意义的事情。既没有任何实用价值,更与名利无涉。自己仅仅是由于释阿和西行的激励,而加入风雅的行列中。"不为究古人之迹,唯究古人之所求。"

《后鸟羽院口传》中有"释阿慈祥,心亦高雅。……(略)西行有情趣,心亦高雅,可贵者两者兼具也"。到芭蕉的头脑里却变形成"有实而含悲""不究古人之迹"云云,也是从《性灵集》中"书亦以拟古意为善,不以似古迹为巧"这句话推衍而来的。我们不必惊奇像芭蕉这样的大师也看这类读物,甚至将书中的观点简洁地转化成自己的语言。

《柴门辞》中,我最喜欢的是文章末尾之句:"遂云风雅与此同,乃提灯送至柴门外而别。"

在芭蕉心里,今日之别,即为永诀,人生没有反复,相聚乃"一期一会"的事。夜幕笼罩下,芭蕉提着灯,借着昏黄的光晕,穿过暗黑的庭园,与许六相望而别。深川的芭蕉庵掩映在沉沉的夜色中,芭蕉和许六的心田却是一片明亮。

最近我常在外面演讲,很多人带着录音机来,也许他们认为,录了音,可以回到家里重新再听一次。既然可以重听,注意力自然就大打折扣。据作家水上勉讲,每当他在演讲时看见这样的情形时,便会劝诫说:"人生乃是一期一会的事,我们现在在这里聚会,是不可能重复的,请你把录音机关掉,好吗?"反正可以重复,这种想法使现代人的生命变得多么肤浅。我真心希望大家都能抽空去读一读《柴门辞》。黑夜中,许六已经把芭蕉全部的教诲都深深地烙进了自己的记忆,任时光流逝,那一刻的分别早已成为永恒。

十五 青叶嫩叶,何等尊贵

人生无法重复，生命的意义仅在于现实。人生的路，每一步都朝一个全新的情境伸延，人不能走回到过去。芭蕉的心里时刻充满了这种现实不能再现的想法，并自觉地运用到他的文艺观点中。他在评论俳谐师本领时说道：

歌仙，三十六步也。无归后一步之心。唯有一往直前之心耳。(转引自《三册子》)

芭蕉从《原野纪行》一文开始，曾写过很多游记。给人们留下一种渴望旅行，在漂泊中结束人生之旅的印象。如果读过他的《奥之细道》，更让人感觉他和旅行已是合而为一了。但如果实际考证一下，可以看到，芭蕉虽然热爱旅行，却并不是人生驿站间永不停顿的漂泊者。相比较而言，中世纪的连歌师和游行僧们过的才是真正的旅途人生。如宗祇曾远赴中国、九州路，九度远游至越后。最后一次越后行回来的途中，死在箱根汤本，时年八十二岁。这是真正的旅人生涯。

但是，一提及芭蕉，就会很自然地与旅行啦、漂泊者之类的字眼联系起来。因为芭蕉的心里和旅行存在着一种特别的感情。就像他在《原野纪行》开头部分所表达的那样，"让心灵在原野中曝晒，让自然的清风吹拂我的身体"。他怀着死在路上的强烈自觉走上旅程。这是仅限一次，无法重复，凝缩了一生全部积蓄的生命之舟。病弱的身躯随时可能倒下，风雨中横陈在原野中的骷髅也许就是自己。这样也好，芭蕉就以这种心情出发旅行，因而给人的印象特别深刻。

在《笈之小文》中提到旅行时，芭蕉说："始以旅人为我名。"一见之下，似乎芭蕉心里已有一些客观地看待自己的从容，不像《原野纪行》中充满了悲怆感。但他对自己人生的看法并没有改变，在他出游初期曾写过这样一篇文章，文中简略地回顾了他的人生道路。

> 彼好狂句已久，终为生涯之谋。有时倦而欲弃之，有时进而欲佞于人，致内心交战，身为之难安；冀立身扬名，却因之而冷却；欲学以启愚，却为之而破败；终致无能无艺，只系此一道。西行之和歌，宗祇之连歌，雪舟之画，利休之茶，其道一也。风雅之物，顺乎造化以四时为友。所见莫非花。

旅行出发前，芭蕉这样简略地回顾自己的一生。虽然自己声称"无能无艺，只系此一道"，但文中所提及的西行等人都是艺坛宗匠，可见芭蕉心里以振兴本国文艺为己任，自视甚高。芭蕉在日本和西行齐名，西行被人称为歌圣，芭蕉被称为俳谐之圣，是最受尊敬的俳谐代表人物。他的俳谐已经达到了语言表达的最高境界，同时人们认为，他对文艺的态度也继承了日本文化的正道。芭蕉在文中说："西行之和歌，宗祇之连歌，雪舟之画，利休之茶，其道一也。"自己虽然无能无艺，却同样是有志于此道之人。为了求得此道的真谛，即便死于旅途又有何妨。他将自己的旅行和自己追求的俳谐之道紧密地联系到一起，通过旅行，仿佛看到了芭蕉的整个人生。

和歌、连歌、绘画、茶道，尽管彼此间表现形式不同，但融化在其中的风雅之道与风雅之心却是共通的。一言以蔽之，就是置身于尘俗之外，任自己的心灵随宇宙自然的运行而动；就是舍弃自身小我，委身于遍及自然的大宇宙之道。山川溪色，无不具有佛性，一旦达到这种境界，眼前所见，便"无不是花"。

我曾经参加过某个杂志策划的、几个人接力完成"奥之细道"的旅行计划，追寻芭蕉当年的足迹从千住直至黑矶。沿途的街道和自然景色虽然已有了很大的变化，但我坐在汽车上，依然可以感受到当年芭蕉和曾良两人北上之行的艰难，从而加深理解了芭蕉当年克服艰难，一心求道的坚定信念。

旅途相当漫长，沿路有不少仰慕芭蕉之名而来的游客。人们似乎很难体会，为何在《奥之细道》所表现的芭蕉的心情是如此悲怆。为什么一本记载人生间一次艰难旅程的小书会变得如此充满风雅情趣。芭蕉的笔着实具有魔力。胸中真有风雅，芭蕉所走过的路自然也变得富韵致而有意味。这是一个伟大人物人格力量的外化使然。

芭蕉在"奥之细道"旅行前夕，其时间大约在元禄二年（1689年）闰正月，给伊贺的远虱写过这样一封信，从中我们可以体察到芭蕉当年的心境。

自去年之旅（《原野纪行》后的木曾更科之旅）后，鱼肉肴味断绝，一钵境界，贵僧（增贺上人）歌咏之语令人怀念；今年之旅（《奥之细道》之旅）则为憔悴食菰之心境。

信中清楚地写道，去年的旅行花尽了自己的积蓄，以至于长时间口不能沾鱼肉。但自己受增贺上人"名声为苦，乞食之身最乐"之语激励，宁可憔悴身体，以菰为食，也要完成"奥之细道"的心愿。

西行在他的《选集抄》中有很多乞丐的故事。芭蕉对西行极为推崇，他为此吟唱道："食菰有人，花之春。"表达自己即使沦为乞丐，也要追求花之春的风雅之境。

实际上，芭蕉的旅行，一路上受到各地俳人和富商豪客的盛情招待，并不至于到风餐露宿的程度。但他却怀着和一无所有的僧人同样的献身准备，将自己的身心全部委诸于造化。"从于造化，归于造化"，自然万物以其完整的力量占据了芭蕉的心。

> 何等尊贵
> 青叶嫩叶
> 在日光下

阳光下的青叶嫩叶纵然有千种风情、万般妩媚，但没有人会用"何等尊贵"这样的词来表现它。一旦它与"何等尊贵"联系起来，我们是否觉得它青嫩的叶芽间已具有了相当的宇宙性，带上了一种宗教性的感情色彩？哪怕是我们这些现代人来读的话，也会感受到青叶嫩叶所具有的完整的自然力量。和日光东照宫清晨的阳光无关,句子本身已经成为日语中表现春天的最美好的绝唱。《奥之细道》中像这一类的千古绝唱触目皆是,全书似乎不是人间笔墨写成,而是一个个自然精灵本身在字里行间奔腾跳跃。

夏草啊
士兵出战
梦之迹

寂静山间
蝉声清澈
契入岩石

梅雨蕴集
倾泻而下
是最上川

像泻雨柔
合欢花开
如西施愁

眺望荒海
至彼佐渡
宛若天河

墓冢晃动

恸哭之声
宛如秋风
凄惨!
盔甲之下
蟋蟀声唤!

　　诗人全身心地被自然万物的伟力所感动,他的吟唱,已和自然的天籁融为一体,"从于造化,归于造化",化为人和众神的交响合唱。吟风弄月的风流游子们是不可能加入这人和自然间的交响合唱的。他们和造化之间缺乏纯粹的心灵交流。只有像芭蕉这样舍身旅途的人才能加入众神之列。

十六 被物质所控制，何其愚蠢

我之所以写作这部书稿，主要是为了让自己更准确地把握"日本文化的一个侧面"。既然是"日本文化的一个侧面"，可能不代表整个日本文化，但却是日本文化中最重要的组成部分。每次我在国外被人邀请去做讲演时，脑子里便会想到这同一个话题。因为我非常希望多一些外国人能了解这些日本的思想精华。

　　如今的日本，在国际上相当地引人注目，我觉得，尽管并非所有的人都出于好意的关心，但他们确实迫切地想要了解日本、日本人以及日本文化。很显然，现在地球上的每一个角落都充斥着大量的日本产品，家用电器、钟表、汽车等价廉物美的日本商品占领着世界各国的货架，而制造这些产品的日本究竟是怎样的一个国家？日本人究竟是怎样的民族呢？

　　这种对日本的关心在东欧表现得最为明显。到处都是有关日本的询问。例如在原东德，我认识的洪堡大学教授，对日本文学有相当研究的B氏，最近翻译出版了一本日本近代文学选集，几万册书一售而光。又譬如保加利亚优秀的日本语专家C女士翻译了一本日本中世纪的宫廷小说《不问而语》，听说很快就售出了几万部。像《不问而语》这一类的古典作品在日本已经很少有人阅读了，谁也没想到在保加利亚会有这么多的读者。

但仅仅是文学作品已经不能满足他们了解日本的愿望，于是他们来找我这样来访问的旅行者，这时，我便会和他们谈"日本文化的一个侧面"。

为什么我会不厌其烦地重复这同一话题呢？我是这么想的：我常常去世界各国旅行，在欧洲经济共同体和东南亚旅行时，所听到的对日本和日本人的批评特别多，其中甚至有很多责骂。与原东欧圈国家不同的是，日本每年都有大批的旅行者和商务人员进出这些国家，当地人非常不满他们的所作所为，以至于竟然在我面前都毫不掩饰。

在这些国家常听到的批评大致有以下这几条，虽然令人听了心里不愉快，但却是真实的。

——一说日本倚仗着自己是贸易输出大国，只顾自己本国利益，不考虑别国市场情况，一味倾销自己的产品。诚然，日本制造的汽车、家用电器、电子器材、钟表、照相机确是价廉物美，这些大家都承认，但日本人露骨地显出自以为倾销有什么不对的态度，丝毫也不顾虑他国的国情，哪里谈得上共存共荣，这样下去，日本会成为被全世界厌恶的民族。

——一说无论是日本的旅行者或者是商务人员，谈话只有金钱一个话题，对金钱之外的事物一概没兴趣。政治、音乐、国际关系、哲学、民族问题、历史等，和他们根本就无从谈起，他们大概只信奉金钱，认为只有金钱才能决定人的价值。

——一说连一些年轻的女孩子也手持大把的金钱来买名牌衣物和化妆品，她们对当地的历史和文化表现出根本不关心，吵吵嚷嚷、我行我素的样子，简直是不成体统。日本的年轻人难道都是这样浅薄地只知道自我的人吗？

——一说日本人当中，很少有自己的人生哲学，很少有自己的生活方式，很少有对任何事情都有自己独特见解的人。很少有日本人在酒吧里和当地人平等地谈话，他们对自己国家的历史都相当无知。

——一说对贫穷国家的人，日本人非常傲慢。似乎由于自己富有，便可以为所欲为。

就引用这些吧，真叫人心里难受。每当我听到这种议论时都觉得很伤感，心里不得不承认这种说法也有一些道理，也许确实有如人们所言的日本人在世界各地嚣张横行，败坏日本人的名声。但并不是从古至今都只有这一类日本人，日本人当中还有另一类截然不同的人物，正是他们构成了"日本文化的一个侧面"。

以高效率的生产至上，绝对强调物质生产思潮之出现仅仅是半个世纪以来的现象。由于战火摧毁了原有的一切，人们拼命努力，追求较好的生活条件。从当时战争废墟中确实容易产生这种人生观，但由此演变成绝对的偏重物质追求，着实叫人不敢苟同。

日本虽然已经成为一个经济大国，但日本人的生活还未达到富足，人们自由支配的时间不多，大家像一群工蜂一样忙忙碌碌。日本人住在狭小的房子里，每天乘挤得满满的电车赶去上班，工作到精疲力竭才回家，这些现状大家都已经知道，甚至还有"过劳死"的说法呢。

物质确实是丰富了，和欧洲经济共同体中的任何一国相比，日本市场商品的丰富程度都毫不逊色。然而，物质产品再怎样丰富，并不意味着就一定会带来幸福的生活。我们现在终于意识到，幸福的生活，必须要有和物质生产不同的人生原理。

我们认识到，如果被物质所控制，头脑里只有购买、占有、消费、废弃等观念，就不可能得到内心的真正充实。地球的自然环境和有限的自然资源不允许目前这样无节制的资源浪费。为了达到真正的富足，也就是内在精神方面的充实与满足，我们有必要重新评估所有欲的限定和一无所有的自由等论点。事实上，已经有很多日本人对人活着究竟需要什么、不需要什么等原则问题开始重新思考。

日本古代有一种叫清贫的美好的思想。其中心是只要将对物质的占有欲限制到最小限度，就可使内在的思想自由地展开飞翔。让我们就从《徒然草》中的一段话开始对"日本文化的一个侧面"的探讨吧。

> 受名利驱使，内心不得平和，一生痛苦不堪，实在愚昧。
>
> 财多则疏于守身，这是引害招累之媒。一旦身故，纵有黄金可高撑北斗，也只会给继承者带来烦忧。愚人只求娱目之乐，也没有意义。宝马香车与金玉之饰，有心人看来不过愚昧乏味。当舍金于山，投珠于渊，为利所惑，最为愚蠢。（第39段）

这是14世纪一个叫吉田兼好的人，在他所写的随笔中阐述的人生观。《徒然草》这本书，就像蒙田的《随笔》一样受到日本人的喜爱，是一本对日本人的趣味和判断都有很大影响的古典文学作品。整天操心世俗的名誉、地位和财产，哪怕是一刻也无法安静地享受人生的快乐，如此劳碌庸俗的人生，实在是愚昧之至。吉田的这种人生思考对江户时代的日本人的生活方式有很大的影响。

吉田在文章中，认为追求金钱、名利的人生是多么愚蠢。现代人对住宅、汽车这一类渐次开发的物质产品的追求同样是愚昧堕落。他的这种思想现在再次打动了我们。

随后吉田又说对地位和名声的追求是同样愚蠢；而夸耀自己的知识和学问以博取名声则更是虚妄。他最后这样说：

> 真人，无智，无德，无功，亦无名。这类真人的事迹，谁能知解，谁能传扬？此非隐德守愚，而是他们本来就已超乎贤愚得失之境。
>
> （同上）

真人不受世俗利益或名声所累，唯求一己之内在精神的充实。

吉田的这种思考方法，某种意义上和圣法兰西斯（1192—1226）的人生观是相通的。圣法兰西斯祈求上帝赐予自己内在的灵魂安宁，兼好虽然没有提及神明，但他认为，只有站在这些远离世俗的前贤高人面前坦然无愧的人，才是真正的贤者。更重要的是，从 14 世纪以来，《徒然草》这本书的观点，历经充实完善，受到了社会各阶层人士的广泛肯定，并加以实践，成为日本文艺的基本思想，得到人们的继承和发扬。不仅是文人雅士，不少劳动者也以此作为自己的生活指南，形成了一种世代相传的文化传统。

我在这里提及的大都是日本历史上最著名的文人代表，但他们的文艺思想和人生观并不局限于文人圈，曲高和众，文人雅士的和歌和俳句在一般劳动者当中同样有广泛的知音。人们通过他们的诗歌想象生活中的理想境界，由此希望自己也能达到这种境界。我在这里只想让大家了解，日本有这种文化传统，即使今天，汹涌的物质大潮下也还有这股思想的清泉在汩汩地流动着。这点我们以后还会介绍。

在东欧，曾有人问我清贫和贫困有什么不同？我就从现代日本人的生活方式、思考方法和现代社会状况谈起，再回溯到过去的这些文化传统，这样人们就可以理解清贫思想的真正含义。

其实，每次和外国人谈论起日本的文化传统，心里都会感叹：这才是日本人真正的生活原理，我们的先人早已向我们指明了一条通向富足的道路。在日本时，如果被邀讲演，我便会非常具体地谈论《本阿弥行状记》之类的故事，事后每每觉得不能尽意。一直想要更详尽地把自己的观点记录下来。由此产生了写作这部书的想法。

十七 清贫是什么

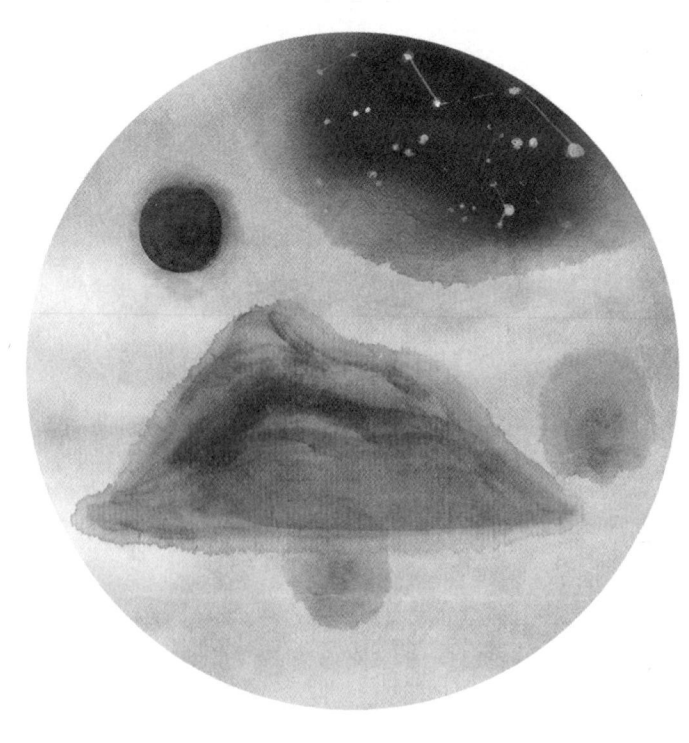

清贫并不是一般意义上的贫穷，而是通过自己的思想和意志的积极作用所最终创立的简单朴实的生活形态。如本阿弥光悦和他的母亲妙秀，只要他们愿意，他们原可以过一种非常奢侈的生活，但他们放弃了世俗的富贵，选择了最低限度的生活条件。这是什么原因呢？圣法兰西斯甘愿放弃金殿玉楼的贵族生活，投身到一无所有的草庵中去，就是因为他相信，这种清贫的生存状态与神更接近。光悦他们通过别的思考途径得出了同样的结论。

　　首先必须对人的物质占有欲进行一番深刻的反省。对富贵荣华愈企盼，对金钱物质的欲望愈强烈，就愈会陷入唯有财富才是最高道德标准的错觉，由此欲无止境，产生了许多非人间的恶行。我们最近也可以看到，20世纪80年代泡沫经济繁荣期间，很多人由于追随自己的欲望而成为彻底的物质奴隶。

　　我认为有必要先说明一下关于清贫这个词。"清贫"一词在现代日语中已经具有固定含义。如果简单地用外国语翻译成"贫穷"的话，很难让人理解其真正的意蕴。必须换说成：清贫即是选择最简单朴素的生活来表现自己的思想。这样说明了之后，我们再来讨论江户初期本阿弥一家的生活方式，或者引用《徒然草》中的文章来探讨物质欲望对人的心灵的毒害。在目前物质相对贫困的许多发展中国家，人们的目光只注视着眼前的财富积累，没有人愿意对"清贫"这样的词语侧耳倾听。

人一旦被物质占有欲所控制，就会整天在头脑中计算，如何让财产更快、更安全地增值，人便会成为金钱的附庸，对家族亲人会变得形同陌路，对社会公益事业更是袖手旁观，绝不会主动关心。先前妙秀曾经讲过："富者不仁，富贵之人必悭吝。"光悦甚至认为，如果人心里只挂念着物品的得到或者保存，便会失去精神上的自由。为免得自己被物所累，光悦将自己心爱的最上品的茶具都送给了别人。

必须将人的物质欲望克制到最低点，人的精神活动才能得到充分的自由。《徒然草》中反复强调的就是这点：如何排除物欲，让人的心灵自由地律动。

前面我们曾经提到，池大雅的画之所以高雅清丽，是因为他对金钱物质极端的无欲望所致。在俳谐中，脱俗也是艺术中最重要的创作原理。芭蕉甚至说过："托钵僧之心始可贵。"我们更不能想象，良宽如果远离了他的草庵生活，会创作出什么样的书画作品。对物质的占有，必须以精神的自由为前提，以创造力的扩大为基础，才能得到认可。这些古代日本的优秀人物都相信，只有把日常生活维持在生存的最低极限，才能走上探求宇宙真理的道路。

我对古印度的宗教哲学几乎是一无所知，虽然同处于亚细亚文明圈中。我曾经听说过他们以人的内在自我（atman）和宇宙自然的大我

(brahman)的整体合一作为人的至高理想。古印度哲学把宇宙自然称作 brahman，而将人内在的思想称为 atman。通常 atman 会被各种各样的欲望所遮掩而无从显现。因此必须斩断肉欲、物欲及其他一切人间欲望，使人的心灵得到纯净，灵魂才会升华，atman 和 brahman 才能融合为一；就像接通电流一样，人的思想才能沐浴在永恒的生命之光中。因此，人必须修行，必须在物质和精神之间做出决断。

近代印度的伟大诗人泰戈尔在他的小说《沙达娜》中曾有这样的论断。虽然比较长，但由于对日本文化的影响极大，还是决定引用如下：

> 对印度民族来说，自然界是一个有机的整体，任何生命都是一体的。这种万物一体的生命观不仅是哲学思辨，而且必须在日常生活中加以实践，在人具体的情感生活中达到这一伟大的自然和谐。人生的目的，就是以冥思和侍奉神灵的活动，来调整自己的生活，锻炼自己的意识，使自然中的一切都具有精神意义。大地、水、光、水果和花草等自然万物，对人类而言，并不是有用则用，用完即弃的单纯的物质，而是如同整曲华美的交响乐中的每一个音符，是人类实现自我理想所不可或缺的必要构成。如果人不能实际感受与自然世界的血缘关系，就好像生活在冰冷的铁窗栅栏的牢狱中一般，只有当人在生活中发现自然的永恒之灵时，才能觉悟到生命的真正意义，从被囚禁的状态中解放出来。这时，人会发觉自己沐浴在真理的灵光照耀下，建立起人和万物的统一和谐的天国。

那是破除了思想的桎梏，超越了物种差别，实现了宇宙整体的和谐统一。这种思想绝不是沉溺于想象力的智力游戏，而是为了让人类的思想意识从以往的欺瞒和蒙昧中挣脱出来。这些古代的先哲们已经感受到，在清澄深邃的心灵中，在宇宙无限的物质存在中颤动、掠过的物质能源，会在我们的内在心灵间化为意识而凸现，最终达到物我合一的境界。这些先哲认为，在通往完美境界的明朗意象中，不存在丝毫裂痕。他们甚至否认死亡，不承认死亡在现实中所刻下的无情印迹。

他们说："它已映照在死亡中，映照在不死不灭中。"

这是泰戈尔所描绘的 brahman 和 atman 完全合一的内在映像。brahman 的汉译是梵，atman 的汉译是我。二者高度的统一和谐就是梵我如一之境。传入日本后，芭蕉说："从于造化，归于造化。"或云："松则习于松，竹则习于竹。"指的都是同一境界。

泰戈尔进而说道，要完成这梵我一体的理想的生命体验，必须要付出代价，必须自我放弃。

"代价是什么？是自我放弃。我们的灵魂只有靠放弃自我才能实现自我。"

"我拥有的会限制我。热衷积累财富的人，会因不断膨胀的自我而无法通过那道门，那道通往完美和谐的精神世界的门。这样的人早已被囚禁在自己有限所得的狭壁之中。"

《奥义书》上说："你要靠放弃来获得。""莫贪他人物。"

现在我们已大致了解了"清贫"一词的最基本的含义。以前很多人都忽视了这以亚洲泛神论的感性为基础，宇宙间万物合一的积极的思想体系，仅仅视其为一种消极的人生禁欲原理。西方人很难理解这种感性地将植物、动物、花鸟、山川等自然存在，作为与人类平等的生命显现的宇宙原理。他们认为：人类高于一切自然存在。自然界中的一切存在都只不过是人的意志的服从对象。他们根本否认自然生物会具有与人类相同的神性。比方说，东方人认为高山大川是神明的存在显示，必须"仰止"地上山参拜，必须谦恭地临河祭祀。西方人则以征服高山为骄傲，以横跨江海为自豪——人和自然是一种矛盾的冲突对象，只有通过斗争，改造自然，使之为我所用。

也许很多人都去过日本式的庭园，如果你参观过修学院离宫或者桂离宫等江户初期的庭园建筑，就会发现，日本式庭园所追求的是原有自然的真实再现，日本的园林工艺匠人在庭园中掘池筑山，遍植松竹、樱枫等自然植物，最大可能地再造一个自然的小宇宙。他们遵守的是与西方完全不同的建筑美学准则。

而在欧洲，如维也纳美泉宫的庭园，就以左右对称的均衡方式为原则，道路井然有序，花草树木都被修剪成毫无生气的人为形态，水池方方正正地处于庭园中央，并且用喷水来夸示人力的伟大，观赏美泉宫或凡尔赛宫的庭园，只能感受到王侯贵族对财富权力的夸耀，花草丛中隐约有一个锦衣人高举着胳膊，对参观者宣称着他的权势财富是何等尊贵。在西方人眼里，自然被人支配管理得愈彻底，愈能展现美；人是自然中最伟大的生灵，人的力量甚至可与上帝相匹敌。

东西方在这方面的认识具有极大的差异，我不想在这里详加比较。但从我的审美角度来看，像这样井然有序的人工建筑虽然令人赞叹，但并不美。上了年纪的日本人大概都会有这种感觉。我曾经陪同一位日本老教授去参观美泉宫，老人站在平台上朝整个庭园淡淡地瞥了一眼，嘴里说："就是这样的吗？"他甚至谢绝下去绕行一圈。在回途车上，老人絮絮叨叨地说相比较之下日本庭园是何等地美。

对老人的看法我颇为赞同。日本的居处不仅是庭园，连房屋也以与自然同化为原则。西洋人的房屋是对外封闭性的，是自我防卫、自我封锁的。反之，日本式住居向自然坦开，设立有广阔的开口部分。房屋内也不筑墙壁，只由纸门之类自由间隔，气候温和的季节里全部打开，使整个房子和外界自然连接起来。人在室内，可以清晰地感受到大自然的呼吸，体验到自然清风和晨夕之光的变幻。日本人这种追求与自然合而为一的理想，可以说源于古代的草庵思想。

现在，日本人将房屋看成是普通的消费品，改建时用大型推土机一下子就把它推倒，黄钟瓦釜，全部变为一堆同样的垃圾。每次经过这样的建筑工地，望着那片废墟，我的心里都极其悲凉。我们的祖先是决不会这样浪费资源的，哪怕是旧砖破瓦，只要耐用，就一块一片地拆下备用，柱和木梁等木材也是逐一解体，以便再度组合使用。

在文艺方面，我们的前人追求的是与自然的同化和谐，喜欢在自然中浸淫灵气。池大雅从学习中国的山水画入手，擅长描绘仙风道骨的隐士高人住在深山幽谷中的风景。大雅及其同时代的文人都以住居草庵、远避尘世的脱俗生活为理想。中国文化中同样也有这样的优秀传统。

在诗歌领域，诗僧良宽曾有这样一首和歌：

春日眺望

群鸟嬉游

心最乐

温暖的春日里看群鸟嬉游,我的心是多么快乐和满足。对良宽极其尊敬的歌人吉野秀雄谈到这首和歌时说:"这是一首音乐的、宗教的、感觉上宛如听巴赫的乐曲的歌。听这样的和歌而无动于衷的人,和良宽毕竟无缘。"良宽似乎已经将自己和小鸟一起融汇在温暖的春光里面了。我们轻轻地吟唱这首歌的时候,仿佛和良宽同样感受到春天在鸟儿嬉游中来临的喜悦。良宽还有好几首类似的和歌:

优游草庵

听山田蛙鸣

心最乐

优游草庵

听山田蛙鸣

心满意足

意思是说:长居草庵,不受尘世的烦扰,闲听田野间青蛙的鸣叫,是多么令人心满意足。良宽的心情跃然而出。

夜雨草庵里

双脚等闲伸

清贫是什么

对良宽来说，处身草庵中悠闲地伸展自己的双腿，是何等自在、舒畅。《徒然草》中的"存命之喜，焉能不日日况味之"，说的是同样的人生境界。

今日见
岩室田间松
亭立骤雨中

鸟儿、青蛙、松柏，自然界中的一切存在，都与人的心灵相通，骤雨中亭亭而立的松树，有着与人同样尊贵的生命。人和自然万物所有具有生命的东西，都笼罩在同一片佛光照耀下，佛典中云："山川溪色，皆悉佛性。"伟大的佛性中，存在着感性的自然。

往复观不厌
岩室田间
一株松

同样是吟唱松树，在和短歌不同的旋头歌里也有这样的诗歌：

伫立
岩室田间
一株松
今朝

亭立濡湿

骤雨中

接骨木

相对立山冈

鹿栖坡道中

神无月（旧历十月）

濡湿伫立

骤雨中

一棵孤独耸立的老松，似乎颇能引发良宽的诗兴，他还有一首吟松的长歌：

晨见　一株松

伫立　岩室中

骤雨　华盖湿

形姿　宛若人

穿蓑　还戴笠

通过这些和歌，我们大概可以理解，为什么日本文化重视人与自然的交流，并且通过这种交流达到二者的融汇合一。池大雅的山中仙人图，描绘的是同一种人生境界。

把人类看作是自然的征服者，和自然对立起来，我认为这种观念

清贫是什么　155

是出于一种无知的傲慢与错觉。诚然，我们目前正享受着近代科学文明所带来的生活便利，但与此同时，地球的生态环境正遭受着空前的破坏，环境污染日益严重，除非改变目前这种人与自然的对立状况，否则的话，根本没有办法得到彻底的解决。从这个意义上说，我们的祖先与自然为友的态度，值得我们重新去探讨。人和自然的和谐统一，比单纯地征服和奴役更美好。

十八 为花的美 无端心痛

从日本最古老的历史著作《日本书纪》中能够了解到，在远古的过去，我们的祖先即已创作了许多充满感性色彩的和歌，并不是仅限于良宽一个人，也许良宽正是在学习了前辈先人的基础上才写下那么美丽动人的和歌。

直向尾张　一株松
松姿若人　穿衣佩刀

从古至今，我们的祖先都是以大自然为师、为友，与其同感受，共呼吸。被芭蕉高度推崇为"歌有实，愈增其悲"的12世纪大歌人西行，即是将这种感性体验结晶为至高韵律的诗人。谈到芭蕉，就不能不提到他景仰的这位前辈歌人。

西行（1118—1190），本名佐藤兵卫尉义清，出身于有"累代勇士"之誉的武士世家，家境富裕。西行在担任德大寺家武士期间，年轻的心受到某种理念的感召，断然放弃了尘俗世界的一切，削发为僧，终身以歌为伴。与他同时代的歌人御鸟羽上皇称赞西行道:"西行富情趣,心意尤其深厚,实为难得之人。"芭蕉赞其为"歌有实,愈增其悲"。对他相当推崇。

西行旅行至四国地区时,曾在古贤者弘法大师结缘处盖一草庵为居,度过了秋冬两个季节。临行前,西行以"庵前见松树耸立"为前言,歌云:

孤松长存
探吾后世
无人萦思

移居他往
独自一人
孤独寂寞

"草庵粗鄙简陋,独居此中,自然是寂寞而又艰难的修行生活。庵前默默伫立的孤松是我友。孤松啊,我生命短暂,死后没有人会挂念我,就请你时常想起我吧。我在此修行,孤独寂寞,实在无法排遣,如今我又将远行他方,留下你独自一个,才是真正的孤独寂寞。"

西行在此,已不是单纯地将松树拟人化地进行语言处理,而是视松树为自己真正的朋友,是可以交流对话的自然存在。长期在山中草庵独居,很想去别处走动云游,但又生怕这离去会加深原有的孤独。我们从西行的和歌中充分领略了他这种潜藏于心底的人生孤独感以及在孤独中与自然同感的心灵。因为孤独可以纯净人的心灵,西行有时候很喜欢这种寂寞无一人的境界。

> 山村无人访
> 若无寂寞
> 岂堪居住

"山乡野地的居住是孤寂的,但假若没有寂寞相伴,我是不堪忍受的。"在敕撰和歌集《新和歌集》中西行另有这样一首流传于世的和歌:

> 但望还有人
> 堪耐清寂
> 同结草庵
> 冬日山村

虽然自己是一个耐得住寂寞的人,但还是在心中盼望能有一个同道来此相伴。从"但望还有人"中的"还"字,我们可以感受到西行那热切的盼望之情。这是一首乍读即能令人留下深刻印象的和歌。

西行的寂寞,源自他深入人生后的心灵孤独,是伴随着他的觉醒之心而来的。他的这种心境与《徒然草》中的"无他,以孤独一人为善"相当接近。如果没有坚强的精神支柱,就不能忍受这种艰难的孤独生活。自愿选择草庵生活者,无论是兼好还是良宽,都是具有坚强信念的人。

西行也自觉地选择了这样的生活,而他在这生活同时,犹如年轻人钟情心上的美人般地执迷于花——盛放的樱花。日语中如果不是特指,单说"花",便是指樱花。日本诗歌自古以来就不乏吟花弄月的诗歌。但西行由于对花的挚爱,别具情趣。据专家统计,他的歌集《山家集》中吟咏最多的是樱花,共两百三十次,其次为松三十四次,梅二十五次,萩二十一次,可见他对樱花的偏爱。读西行的花之歌,可以了解日本人对花是何等喜爱,从日本的古代先贤身上即可得到明证。

欧洲的樱花是单纯白色的,可以采摘果实。日本的樱花,尤其是吉野地区的樱花,乃是淡淡的粉红色。樱花前线,成千上万的枝丫上无数朵鲜花一起绽放,远望如美女,如流云。那是华美、富丽、无可比喻的美丽。在樱花季节到过日本的人,大概谁都能理解西行爱花的心情。

自见彼花之日
心已离身而去

"自从看见这无与伦比的美丽的花儿,我的灵魂便游离了我的身体,随美而去。"古人认为,当人热恋时,灵魂会脱离自己的身体,附着在对方身上。树枝上的樱花太美了,不由得让人沉醉其间,宛如爱恋着自己的情人一般,令人魂不守舍。

心恋难离
山樱散落
始归身

"樱花开时,自己便身不由己地沉迷于花间,直至群樱散落后,自己的灵魂方才回归原体。"

> 让无畴之花
> 绽放枝丫上
> 无树堪与樱并提

西行对樱花的偏好,从"无树堪与樱并提"一句中可见端倪。地球上对樱花如此喜爱的民族大概只有日本。日本人把樱花看成是美的具体显现,这种看法不仅是日本古代先贤所有,在今天的日本,人们依然是这么认为的。如果在樱花季节访问日本,看见那么多的人坐在樱花丛中把盏欢歌,一定感到非常惊异吧。虽不至于如西行般魂不附体地迷醉,但无人不为那美丽的花儿感到心神摇曳。

> 春日难定
> 心为花夺
> 始自何年

"难定"是指心情不定,西行在很多和歌中都以这种词语开头。"春天樱花盛开时,我的心魂为花所夺。这种心情不知究竟始于哪一年。"西行接着歌咏"摇曳己之心"道:

> 心情摇曳

> 离身浮游
> 莫之能御

西行对花、月和旅行有一种与生俱来的向往之心，他把这种心情称为"摇曳之心"。最终促使他脱离尘世的就是这种心情。这心情与德语中 Femweh（向往未知）相通。西行的诗歌所表现的就是这种回归自我、注视自我心灵的心境。

"心魂离开身躯，到处浮游，我之为谁，终为何物，都已是无所谓的事情。"西行由此一气地往下咏诵，衍演成一曲完整的乐章。

> 赏花
> 为彼美之无端
> 心疼痛

看见这绽放的樱花，为美所迷，为美所困，西行的心无端地为之痛苦。前言中的"摇曳之心"，在此更是表露无遗。

> 樱树下
> 今宵葬花中
> 犹念花梢观不厌

西行的全部心魂已为花所夺，哪怕是今晚死在树下，埋葬在落花中的他，依然深深地思念着花儿。酷爱樱花的西行，即便死，也要死在花间：

> 但愿春日
> 花下死
> 涅槃望月时

西行逝于建久元年（1190年）二月十五日。如其所愿，死在释迦入灭之日、春天美丽的樱花树下。真是令人嘘叹不已。

西行对樱花的热爱之情已非常态。我想，这可能是他"让地面浮现、一寸之心"的实在体现。对他而言，花不仅是单纯的美丽植物，更是另一种理念的象征。前文中提到的上田三四二君去世前，曾在《地球净土》这篇短文中专门提及西行。

> 目前，我这样了解西行：
> 西行是想在现世见净土的人。
> 西行所求的法之道不外乎现世的净土现成之梦。即使如后世所信，他也没有倾向厌离秽土之死。俗世纵然可弃，也没有求死之心。他厌世，然而即使讨厌俗世，也不会断绝求生之意志。甚至，他真正追求为生之道，而成了专意歌道的风雅佛徒。
> 西行不会向往彼世，而以活在此世为乐。
> 这种生命的喜悦是赏月，是看花。月亮高悬，那也许可说是彼世之光。但那光不是否定现世，而是正照耀着地面。

何况花悬离头顶不远的半空，使现世庄严，散落则净化地面。花是地上的花，是现世的花。西行欣求的净土就这样因月亮而得彼岸的音信，因花而成此岸照耀的现世净土。

　　西行的舍世方法乃在于让地面浮现一寸，只要看他后来所憧憬的而不是走到尽头的四十年生活方式就可以知道。

上田在写作此文时已身患癌症，借评论西行来表达自己的思想，因而写得相当深刻。

　　花是净土的音信，花开地上，地面浮现一寸而成现世净土。西行的咏花之歌，使人宛如亲眼看见这美好的一幕。

　　《徒然草》中曾有："人当恨死爱生，存命之喜，焉能不日日况味之？"上田却说：对西行来说，"生命之喜悦，是吟花赏月"。佛教有"现世的使岸有极乐净土，行善者登之"一说，但对西行，净土不是彼岸，使现世变为净土的是月亮，是樱花。西行的"法之道"，就是以吟花赏月使净土现世。

　　　　吾欲弃世
　　　　念花之心
　　　　残存难去

　　"我对尘世间的一切执着之欲都可以舍去，唯有对花的思念之情令我难以割舍。"西行对花的爱，是他对现实的唯一眷恋，是他在现实中生活下去的精神支柱。

十九 「花在墙角」与「墙角有花」

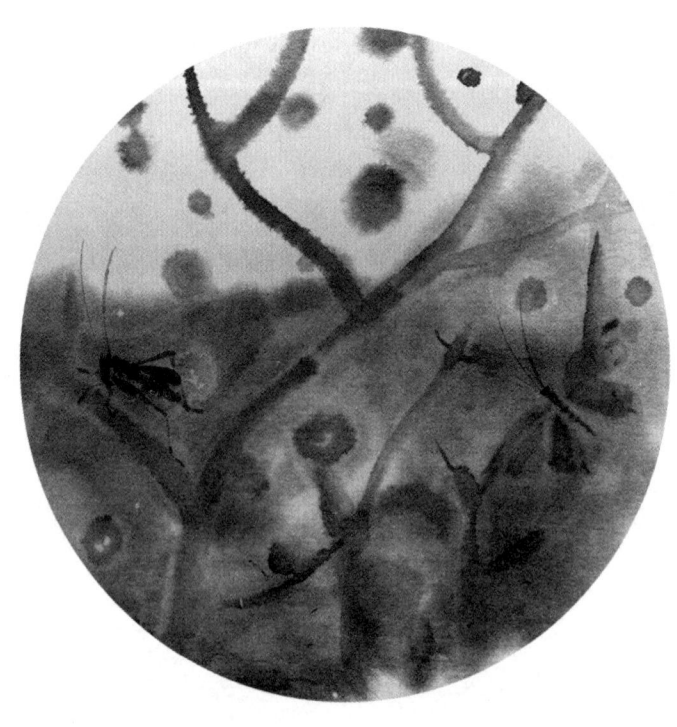

在这里，我想介绍一篇讲述欧美文化与日本文化差异的论文给大家。致力于将佛教思想介绍到西方世界的日本近代宗教学家铃木大拙（1970—1966）积极地向欧美社会阐述佛教中禅的奥妙，弗洛姆在读了他的《和禅相关的讲义》之后，非常感兴趣，将此作为素材比较了"有"和"在"这两种模式。弗洛姆在他《生命》一书中论及西欧诗人与芭蕉的感性世界时以丹尼生为例：

    开在墙隙间的花呀
    我要从裂缝中把你摘下
    把你连根握在手中
    小花呀——如果我能够了解
    你是什么，不仅是根，是你的一切——
    也许，我会知道神是什么，人是什么

与其相对应，英译的芭蕉俳句是：

凝眸以视

可以看见荠菜花开

在墙角边！

这首诗的原俳句是："细看，荠菜花开了，在墙角。"谈到两者的区别时，弗洛姆说：

区别非常明显。丹尼生以对花的反作用，希望拥有花，他要把花"从裂缝中摘下，握在手中"。而且，最后为了获得对神与人性的洞察，对花可能扮演的功能，沉入了知性的思索。但是，他对花的关心造成的结果却是花被夺去了生命。我们在这首诗里看到的丹尼生，也许可以推衍到通过分解生物以追求真实的西方科学家群体。

而芭蕉则截然不同，他没有去摘花，甚至没有用手去抚摸，而仅仅是悄立一旁，"凝眸以视"。

丹尼生为了探索人与自然间的奥秘，想通过解剖分析进而得到真理，他需要拥有花。正是由于他的这种需要，花朵失去了生命的色彩。而芭蕉期待的仅只是赏看，更在看的同时，和花融为一体，让花在自己的生命感应下，开得更加鲜艳。

初读弗洛姆的这一解释，我觉得稍有牵强，后来详细体味了良宽的松与蛙之歌、西行的花之歌之后，发觉确如其言，只因为自己和芭蕉有着同样的感性认识，不易发现而已。芭蕉希望自己和自然互相融通、合而为一的想法，代表了整个东方社会。

弗洛姆以"所有"和"所在"间存在模式的不同来说明两者态度的差异，但他的着力点是在"所在"方面。对弗洛姆来说，这甚至是应有的新人性类型。他详细归纳出二十一项，借以说明重视"所在"的新人性类型，下面列举其中一些主要方面：

一、为了完全的"在"，而有意放弃所"有"形态的意志。

二、放心感，认同感，自信。它们的基础是自己所"在"的形态；是与结合、关怀、爱、回归连接的要求，但并非拥有世界，支配世界，进而使之成为自己奴隶的欲望。

三、承认下面的事实：自己以外的人与物都不能给予人生意义，这种激进的独立与不执着于物，可以形成体谅与相互给予之最完整的能动性条件。

四、自己完整地存在于目前所在的地方。

五、喜悦不会来自储存与榨取，但会来自相互分享。

六、爱与尊敬生命的一切表现。那并非物质、力量或一切无生命的死物；凡和生命及其成长相关的一切都是神圣的。

……

十六、认识自己。不只是自己认识自己，也认识自己所不认识的自己。

十七、认识自己与一切生命为一体，最终舍弃征服、驯服、榨取、掠夺、破坏自然的目标，而致力于了解自然，并与自然合作。（以下略）

弗洛姆列举的上面几项"在"的存在模式与我们在前面所见过的本阿弥光悦及其母妙秀以及其他一些日本杰出的艺术家的人生目标相一致。同样都放弃身边的所"有",因为他们相信,要实现彻底的自我存在,放弃是不可或缺的必要前提。这在重视现实的西方人眼里,已近乎神明。

弗洛姆又另外引用了德国中世纪神秘学者艾克哈特的一段文字,能更好地帮助我们加深理解。

人不应该"有"什么,这是什么意思?所以,在此最好注意一点!我已经说过好几次了,伟大的先哲已都说过。人,不论是内在或外在,都要从一切事务中解放出来,要像可以存在于神可在其中活动的一个场域那样,彻底解放。换一种说法,人已从一切事物中得到解放,从一切被造物,从他自己,甚至从神那里解放出来,但是依然可以发现神在他内部活动的场域,这时候我们要说,这种场域只要存在于他的内心,他便可以在穷困至极的境地中摆脱贫穷。因为,神不会要求人们在自己的内心拥有神可以活动的空间场域。不,如果神要在灵魂中活动,神会自己变成那活动的空间场域,神一定乐于这样做,人必须从神及一切行为中得到解放的时候,心灵才会觉得穷困。为什么?如果神没有看见人竟然这样贫困,神会做出人所做的事,人也会把神纳入自己的内心,于是神变成他做事的场域,神与在自己内心活动的人形成一体。在这事实之前,所谓人,只不过是神的活动中纯粹的接受者而已。

因此，只有在完全的贫穷中，人才会夺回以前如此，现在如此，永远如此的永恒存在。（艾克哈特《德文说教集》说教第 32 章）

艾克哈特的论点很像神秘学者，稍微有些费解，但他主张人必须放弃所"有"，从一切事务中解放出来，也就是处于贫穷状态，才是突破灵魂的前提，这一点是相当清晰明白的。弗洛姆对此解释道：

艾克哈特似乎无法更激进地表现"无所有"的概念。我们必须从自己的身体和自己的行为中解放出来。这不是说，不能无所有，不能无所为；而是说能为自己所有，甚至不能受神的束缚，而被剥夺自己。不被束缚，从执着于物和自我渴望中解放出来，这种意义下的自由才是爱产生的条件。（弗洛姆《生命》）

艾克哈特更进一步认为，拥有知识也是一种执"有"，他把完全自由的状态，就像从神那里得到解放那样，说成是真正意义上的"贫穷"，即最无拘束、最不受束缚、最没有执着之念的完全自由。总之，艾克哈特认为，"贫穷"即高度清净自由的状态，是最具积极价值的意识概念。如果神在人的内心世界里活动，人的灵魂便处于完全的赤贫状态。

这和泰戈尔论及"梵"时的说法非常相似。也可以在我们的先贤哲人的生活实践中得到印证。日本中世纪最杰出的禅僧道元就对他的弟子说："学道之人须贫。"要学佛道，必先抛弃富贵荣华，这和艾克哈特的要求一致。

道元晚年所著的《正法眼藏》是谈禅论道最精辟的一本书，时至今日，仍然被人们争相传诵，良宽亦曾在多处引用此书。书中有《现成公案》云：

学佛道，学自己也；学自己，忘自己也；忘自己，证万法也；证万法，使自己及他已身心脱落也。

身心脱落，多么传神！此词是道元哲学中最重要的关键字眼，意即将人的身体内部化为神佛可在其间活动的空虚境界，和艾克哈特的"贫穷"意思相近，但更具表现力。艾克哈特所说的"灵魂突破"，相当于佛教中的悟。

为了避免误解，我现将上面的这则公案更浅显地说明一下：

学佛道就是认识自己。要认识自己须先忘记自己，不能让自己停留在自我狭隘的束缚中，要让自己处于空虚状态，就像腾出场地，以便神佛活动。忘记自己，就是挣脱名缰利锁，抛弃我执欲念。证万法，即彻底地将一切判断委诸于万法，就是让自己及他者（他者即另一自我）的身心完全脱落。

"证万法"，多么美丽的词语啊，使人眼前显现出一片去除了欲望我执之后的人间胜境。泰戈尔在他的论文《沙达娜》中也说：

无论在肉体还是精神上，我们与自然无尽藏的生命之间被强行横亘了一堵墙；换句话说，当我们不是"宇宙中的人"，而只是平凡人的时候，人就迷路了。只要人的意识范围被限定在自我附近，人性最深的根就触不到永恒的土壤，精神时常濒临饥饿，因而追求刺激以替代健全的力量。这时，人丧失了他内在的前瞻性，缺乏与无限存在的联系，仅仅以自己的身高为标准来测量伟大。人完全忽视了在星空中不断流动的静谧，而这静谧又存在于创造的规律舞蹈中，反而只依赖自己的运动来判断世界。

在将丹尼生的诗和芭蕉的俳句两相比较后，弗洛姆得出西方的感性认识是分离自我与他人、自我与自然，为了认识自己便追求拥有，并加以分解。而东方的感性认识则正相反，从道元和泰戈尔的言辞中我们知道，东方人认为只有从自我束缚中彻底解放自己，人才能跟整个宇宙合一，天地万物和自己的一介生命将一起化为永恒。证万法，就是彻底摆脱精神束缚的自由解放的状态，也就是艾克哈特所称的"贫穷"状态。

我们在远离精神自由的地方徘徊，在为各种烦恼困扰的红尘之境中徜徉，但真正的心的平安与充实只有在"贫穷"之境中出现，只在人与自然的真正和谐中才能实现。

二十 愉悦的表情

在以外国人为对象的讲演时，我一般较少详细地介绍弗洛姆、泰戈尔、道元以及艾克哈特的学说，但在和一些同道爱好者的小型聚会时，我时常会较详细地注释他们的论文，从而收到良好的反响。

据我自身的体验，引用艾克哈特和泰戈尔的学说时，参考弗洛姆的"有"与"在"论点，比较容易理清思路，一些难以阐明的道理会变得条理井然，晓畅易懂。从西行到良宽，这些最受我敬重的前辈先人，他们的思想在这些条理清晰的思想映衬下熠熠生辉。

即便是在过去，清贫思想也绝不是一种消极的避世哲学，而是受人肯定的，被认为是积极参与宇宙生命整体的人生原理。为了不被闭锁在狭隘的自我封闭的大墙内，不被世俗的欲望和执着所拘束，人必须将所有的物质减少到最低限度，让自己的肉体与自然共同盛衰枯荣，从而感受到自我之外的永恒的宇宙生命，这就是清贫。

沉湎于物的追求，会产生对财富、名誉甚至知识的执着。为了这无止境的人生追求，人会日夜渴望增强自己的力量，变成欲壑难填的怪物。人所拥有的越多，越引以为豪，越能向他人展示自己存在的优越性。这种思想将大多数人引入思想的歧途，但这种对物质的执着追求绝不会将人带入广袤的自然真理世界。

在现代社会，所有的物质，都仅以数词或量词来显示价值，哪怕是艺术品，也都以金钱多寡来判定其艺术水准。但数字无法表现对人的爱，对大自然的关心，对各类生物的仁慈心。这些都是无法精确计算、精确度量的，而是属于心灵的体验。现代人由于缺乏这种心灵间的体验，更缺乏确切地表达这类体验的语言，所以连这类不能计算的感情体验也一并用数字来表达。缺乏真切的心灵体验，也就无从了解表现的语言。

谈及我们的祖先对自然间所有的存在物所怀的同类观时，我大都从西方人很熟悉的一个小故事，譬如圣法兰西斯对小鸟布道的故事开始。

访问过阿西西的人都看过大圣堂那幅描绘圣法兰西斯对小鸟布道的壁画。画面精美绝伦，表现的故事亦相当美丽动人。

画面右边是一片浓密的树林，树下方一群鸟儿仰头注视着画面中央的圣法兰西斯。依照此类圣画的惯例，圣法兰西斯头上笼罩着一片淡淡的光晕，赤足，粗衣，体现了"贫穷兄弟团"的生活状况。故事出典于圣法兰西斯的逸闻集《小花》，故事是这样的：

> 圣法兰西斯率领他的弟兄们旅行至今天被称为毕安·达拉加的地方时，他突然睁大眼睛，树边树枝上，停驻着许多小鸟。圣法兰西斯的心里顿时充满了神的感应。他停下脚步，对身边的弟子们吩咐道："你们在一边等着，我要向我的小鸟

兄弟们布道。"

于是他走到树边,开始大声地说话。群鸟立刻鼓动翅膀,飞到他的周围,一动也不动地静静聆听。

"我的鸟儿弟兄们,你们必须时时处处感谢你们的创造主——神。因为他给你们力量,让你们在天上任意飞翔;他用美丽的羽衣来装饰你们,以免去你们丑陋挨冻;他让你们登上诺亚方舟,使你们免遭洪水毁灭。神赐予你们多么清新的空气,让你们呼吸。你们不播种耕耘,神照样赐予你们食物果腹,赐予你们清水润舌,赐予你们这美丽的山谷憩息,赐予你们这茂盛的树林筑巢护身。哦,神是多么地爱你们!创造主给了你们多么巨大的恩宠!所以,弟兄们,不要忘恩负义,要随时随地感谢主、赞美主。"

圣法兰西斯说完之后,群鸟没有立即起飞,而是纹丝不动地依旧围立在他的周围。根据兄弟团成员马塞奥和马沙的雅可波的记载,一直到圣法兰西斯给小鸟一一祝福完毕,哪怕是给他的修士袍碰到,鸟儿们也虔诚地头垂于地,纹丝不动。

等圣法兰西斯祝福完毕,群鸟纷纷展翼,用翅膀的拍击声和啾啾的啼声来表达它们心里的喜悦。圣法兰西斯目睹此情景,心里也非常感动。于是呼唤众人上前,就在群鸟围成的圆圈里,一起大声地赞美创造主。

也许各位在童年时,就已经听说过记载在《小花》中的这个故事。这故事听起来就像童话一般,虽然用成年人理智的头脑来判断,很难会相信这是发生在现实生活中的真实事情,但不论何时何地,每当我们听到这样优美的故事时,我们都会觉得心情舒畅,感到无比快乐。

　　故事内容是令人难以置信的对小鸟布道。小鸟不会说话,但对活着的会说话的人来说,人活着,就是神的恩宠。人们吃有食,喝有水,穿有衣,即便是草庵,也是住有家。圣法兰西斯将给予者称为神、创造主。人如果不知感激,一味地希冀更多地得到,这在神的眼里,无疑是一种罪过。仅仅为现已拥有的这些东西,已是莫大的奢侈。不,为了更深切地感受生命存在的喜悦,连现有的这些都是障碍,为了最敏锐并且鲜明地感受人生的喜悦,人需要过一种清贫的生活。也许这才是圣法兰西斯真正想说的话,他不仅自己身体力行,即便是对鸟儿,也自然而然地流露出同样的话语。

　　圣波纳温德拉说:"万有出于一源。"人并不是一种孤立的存在,人和动物、植物、海洋、星座之间都有相类似的地方,同根同源,所以人必须和自然处于相互依存的和谐环境中才能更好地生存。圣法兰西斯将小鸟认同为"兄弟",并不是将鸟拟人化,而是他心里的确实感受。这在崇尚理性的西方世界是极其珍贵的。如今仍然深深地打动着我们。

　　说到这里,我的耳边又开始回响起那首动人的和歌:

　　　　春日眺望

　　　　群鸟嬉游

　　　　心最乐

良宽打开草庵门,看见群鸟婉啼,春光里一片莺歌燕舞的欢乐景象,心里不由得充满了一种感恩的喜乐之情。人和鸟儿一样,生活在这美好的自然天地之间,这是神莫大的恩泽,不知感激,就不能得到幸福。良宽的心情和圣法兰西斯的心情是相同的。

良宽是庄屋(地主或村长)之子,圣法兰西斯更出身于富商之家,有过放浪形骸的青春时代,他们都曾经享受过被众多物质包围的奢侈岁月。最终良宽选择了草庵生活,圣法兰西斯则选择了严禁私有物的"贫穷兄弟团"生活,他们并不是单纯地否定以往的奢侈生活,而是认识到,人一旦被物质、金钱,甚至知识所拘迫,就无法真正地得到幸福。只有身心俱贫,生命的感觉才会变得敏锐,才能对自然有活生生的真实感受,这才是接近神明的唯一的生存形态。

把现实生活中的生存状态缩减得越单纯,越能使心灵开放、自由和充实;越能使人对人生幸福的感觉变得敏锐;越能在心里扩充对神表达感激的空间。我想,当他们有了这种发现和认识之后,他们的清贫生活才越发闪光发亮。西行也有一首鲜明地将鸟、兽、花、树视为同类的和歌传世:

> 割余御津菰
>
> 蛙藏菰影下
>
> 以有影为傲

藏在御津(地名)收割剩下的菰影下,青蛙自认为有菰影庇护,在那里得意地鸣叫着。青蛙躲在低矮的菰影下"呱呱"地叫,情景颇具滑稽。西行还有另一首：

> 山田长菅茅
> 引水入田中
> 蛙乐更高鸣

前一首和歌收于"杂"部，这首则结束于"春"部。将水引入长着菅茅的山田，青蛙会以更高涨的热情开始鸣叫。"……表情"是西行喜欢用的词汇，前一首是"有阴影的表情"，这一首则是"愉悦的表情"（可惜译成中文时无法将此二字嵌入）。连对青蛙这一类弱小生命的表情都能有如此热情，除了独居山中所产生的孤独感以外，可能还源于对生命同出一类的认识。

> 鹿近山田庵
> 呦呦惊我醒
> 彼亦为我惊？

小鹿轻声唤叫着走近我住居的草庵，惊醒了沉睡中的我，我大概也惊动它了吧。被惊而使之惊，一个惊字，使住在草庵里的人和山原间的小鹿互相呼应，给人一种轻妙飘逸的感觉。

> 花开竹篱边
> 蝶迎花飞去

艳羡复伤情

　　花儿悄然开放在竹篱边上,蝴蝶迎着花儿飞去,那自由自在的情景是多么令人羡慕,但一旦念及它们那短暂的生命,又叫人心里是何等伤感啊!这首和歌充分表现了见蝶之后,人与蝶同化一体的美好意境。
　　西行在他晚年时曾写下一系列以"栖居嵯峨咏戏歌"为前言的和歌,是我最最钟爱的和歌,兹引两首如下:

　　长夏昼寝
　　童吹麦笛
　　惊我清梦

　　昔日捉迷藏
　　瞬息掩至
　　住家旁

　　牧童吹笛,笛声清越尖锐,惊破了西行的清梦。西行望着他们嬉游的身影,童年时的回忆一瞬间历历在目,心里不禁感慨万分。这真是自然而又充满人间温情的和歌。
　　从上面引的这些和歌中,我们可以了解到,日本古代的哲人们是多么重视人与自然的融汇交流,对自然中的生命气息是多么敏感。圣法兰西斯把自然视为"兄弟",愿与它们一起共存共荣。而在东方,诗人为了更贴切地感受生命的原始气息,宁可甘于贫困,选择过一种清贫的草庵生活。

在一般人看来粗陋贫困的草庵生活,由于与自然万物生活在同一层面,因而更容易产生同感共鸣,诗人也因此比金马玉堂的富贵中人有着更丰富、更充实的精神生活。

二十一　一清至骨

草庵生活引出的未必都是欢喜和快乐,有时同样不得不面对现实生活中的悲惨一面。每当这时,诗人不是消极逃避,而是正视现实,将这生活中悲惨的一幕镌刻在自己心里并付诸笔端。芭蕉的《原野纪行》中有著名的《弃儿秋风》。此句附有大段的前言后记,是一种写法特殊的俳句。

至富士川畔,有三岁弃儿哀啼;此河湍急凌越忧世波涛,生命如露,旋即遭弃,小荻在秋风中微动,从袖间取食物予之。

闻猿啼

弃儿秋风

如之何

汝因何为父所恶,为母所疏?父非恶汝,母非疏汝,唯此天泣汝命之薄也。

真是悲惨。从芭蕉"唯此天泣汝命之薄也"一句中可以看出芭蕉所受的心理冲击有多大,芭蕉的眼里在流泪,芭蕉的心里在流血。

"闻猿啼"取自于中国唐朝杜甫古诗中"听猿实下三声泪"的典故。哀猿声声秋意浓,秋风中遭受遗弃的孤儿又当如何?见孤儿更令人感慨世态炎凉。从古至今,人们对此和歌大都是这样理解的。芭蕉的笔下,不仅有美丽和快乐的喜庆场面,也有很多人间的悲惨情景。他在《原野纪行》一文中,有一首描述饥馑之年的悲惨场景的和歌:

> 路旁木槿
> 为马所食

诗歌不是正面叙述,而是用一个特殊的场面来衬托主旨。语气沉重,寓意深刻。不论是西行还是芭蕉,都是善于用笔来描绘人生,表达自己生命感觉的人,但真正打动人心,吸引后人的不仅仅是他们高超的驾驭语言的本领,更是潜藏于他们心灵深处那深沉的人生感触。

西行年老至六十九岁时,受俊乘坊重源委托,为重建被平家焚毁的东大寺,再度远赴陆奥地区化缘。西行怀着人生的最终之旅的心理准备,踏上了漫漫的旅程。西行写于这一时期的和歌,朴素高雅,生动传神。

> 东行至识者处,忆昔小夜中山所见。
> 年老尚得越
> 小夜之中山
> 过山犹存命

西行巧妙地将旅途中一瞬间的人生感悟化于笔端,令人感慨而不感伤，确实可称为千古名篇。在他之后，芭蕉在途经此处时，想起为他敬重的西行，歌咏道：

"浮生一瞬，如笠下之凉。"

旅行至镰仓，西行在参拜鹤冈八幡宫时，无意中撞上了幕府将军源赖朝的家人，被邀至源赖朝家中与将军见面。言谈中被问及弓马武艺时，西行回说已彻底忘记了。问他和歌之道时，西行回答说："咏歌者，仅在对花月感动时作三十一字。不知有何奥意。"反应相当冷淡。面对权倾一时的幕府将军，西行依然漠然处之，对将军临别时赠予的银制之猫，一出门，随手就送给了正在路边游玩的孩童。西行的人品由此可见。

西行的回答虽然冷淡，却是真实的。歌是语言所不能陈述的。重要的是，歌者必须要有表现自己敏锐感受的心理准备，一旦心灵被什么事或物触动，就会演而成歌。西行认为，这是理所当然的。芭蕉对此说：

常处风雅者，将成心之色与物，句姿定，则取物自然而无碍。若心之色不定，则巧词。（《三册子》）

外行人一说到和歌和俳句，常常误以为是"巧词"。其实，歌为心声，心灵的感受是最重要的。西行和芭蕉对此都说过同样的话。西行旅行至平泉时，咏叹道：

十月十二日，抵平泉，雪降风暴，备感荒凉。不知何时，衣河已不足观。抵岸，衣河之城处处皆变，无心观赏。河汀结冻，更觉清凉。

今日心冻

　　冰冷欲渡

　　衣河滨

　　衣河之滨是古战场，世人传说，义经也已来此投靠了藤原氏。大风雪中，西行伫立在衣河岸边，想到赖朝必以大军征讨藤原氏，到那时浮尸数里，生灵涂炭。在这血雨腥风的前夕，以前的武士佐藤义清的心在激越地跳动。

　　但是，对现实中的西行来说，世人为争夺权益的战争杀伐，不管高举何种道义的旗帜，都是无谓的，反映人类愚昧偏执的行为。战争是人类出于自己的权力欲、金钱欲、名誉欲的愚蠢行为。人类如果一味地沉湎于这些欲望中的话，那距离世界末日也就不远了。

　　世上出现武者，东西南北莫不存有。死者相继，为数不鲜，值如不觉。因何而争？岂不可哀！

　　渡越黄泉

　　确数难知

　　接踵不断

　　西行在感叹："执迷不悟的人啊，你们究竟'因何而争'？人生有期而死无期，人当时时自觉死亡之降临，唯死之将至而愈觉生命之可贵。我的歌之道是人生欲望世界的解脱之道，和歌就是为那些相互间欺诈、争夺、杀戮的人而写的悲鸣之歌。来听一听吧，它将把你们引入美的彼岸。"

《西行上人谈抄》是他的弟子记述西行晚年言论的作品，其中有一条说：

"昔，上人云，和歌因心澄故无恶念。思后世，其心愈进。"

又对西行的日常生活记述如下：

"纵谈和歌，亦一生毫无空隙；行住坐卧，常言来世将近，实可悲复可敬。"

和歌是西行脱离欲望、维系心灵、感受生命本体的基本方法。这也是日本艺道的根本法则。芭蕉将此称为"有实而悲"。而我将这些已故先贤的事迹汇编成集，以"日本文化的一个侧面"为题展开讲演。我相信，这是日本民族值得夸耀的祖先遗产。轻视欲望，超越欲望，由此渴望建立自己高度的精神自由，是这些古代先贤的共同点。现代日本人常被世人视为金钱与物质的奴仆，殊不知，日本文化原本是建立在和这类欲望毫无关系，甚至对立的基础之上。

14世纪具有伟人的心灵的日本禅僧寂室（1290—1367），终生漂泊，云游四方，至晚年才在近江山中创立了永源寺。他在他的诗歌《山居》中咏唱道：

> 不求名利不忧贫
> 隐处山深远俗尘
> 岁晚天寒谁是友
> 梅花带月一枝新

大凡禅僧，谁都会作诗，但寂室此诗清新脱俗，月光下梅开一枝，得到了后人的喜爱。同时，他那"不求名利不忧贫"的品格，也深受同时代人的敬重。17世纪前半叶，永源寺日渐衰微，住持一丝文守为当时世风日下，连禅僧都纷纷投靠权贵的现实而感到深深忧虑。于是他离开寺庙，一个人住在山里倾心修行，同时编撰了一本《寂室和尚行状记》。他对寂室非常尊敬，初谒永源寺时，觉得四周景色仿佛曾见。他在诗歌中咏道：

> 溪山蕴藉如经眼
> 疑是前身隐此中

"自己在前世似乎曾经在此隐居。永源寺四周的景色是既陌生，又熟悉。我所敬重的寂室和尚就居住在此地。"

寂室诗中，最有名的是：

> 风搅飞泉送冷声
> 前峰月上竹窗明
> 老来殊觉山中好
> 死在岩根骨也清

此诗浅白易懂，朗朗上口。结尾句"死在岩根骨也清"，因充分显示了寂室的禅佛境界而成为妇孺皆知的名句。近代著名哲学家西田几多郎曾在书房挂一块题名为"骨清窟"的匾额，以示对寂室和尚的推崇。一个国家的文化，常常通过一首好诗、一幅名画为媒，生生不息地流传后世。

二十二　美在清贫

在这之前，我所谈论的都是一些日本古代著名文人的故事。因为他们不仅在自己的生活中身体力行，更"发言为辞"，让这种思想源源不息地流传了下来。尽管思想并不仅限于用语言来传达，但我们的前辈先人在他们的诗、歌以及各类文章中，晓畅明白地表明了他们的思想。于是，我们才能接触了解到这种优秀的文化遗产——清贫思想。

但是，如果"清贫思想"只在文人墨客间独有的话，就不能认为，这是一个民族的精神文化传统。轻视富而贪婪之人，喜爱并且推崇贫穷但却精神纯净的人，即使在战前，这种风气在一般庶民中仍然很普遍。由此可知，"清贫思想"这一文化传统已经广泛地被普通庶民所接受，虽然在任何时代都有同样贪婪、奢侈、沽名钓誉的人，但在普通庶民眼里，无疑是些腐败和恶俗的小人。

日本电影中取景最多、最刻意描绘的是具有"清贫思想"之美德的人物。战后电影中最受欢迎的就是《廿四只眼睛》中平凡的女教师。真正打动观众的常常是这些生活在普通人身边的凡人凡事，而不是美国电影中时常可见的富贵奢靡的富豪生活。

我想就我自己的个人体验，对此做一个小结。请允许我自我介绍一下。我出生于20世纪20年代，第二次世界大战结束那年正好二十岁。它的意义在于：第一，对于战前一般日本民众的生活方式有较深的了解；第二，在被空袭所造成的战后废墟间度过自己的青春年代；第三，亲身经历了所谓的"复兴奇迹"，目睹了日本完成经济高速增长，进入高生产高消费时代的整个过程。因而我可算是身历三世的"三朝元老"。

时至今日，最令我怀念的是战前市井间清贫勤劳的普通人。既不是腰佩军刀、耀武扬威的军人，更不是在利益间打滚、浑身沾满铜臭的政治家，而是那些工匠、小贩、农民。

他们的生活，在今人看来，可说是贫穷寒素之至。他们没有现在早已普及的电冰箱、洗衣机、音响、电视机、吸尘器、空调机等，没有床铺、西式家具和房屋设备，住在被欧美人讥称为"鸽屋"的木造房子里。在他们用袄和帐子隔开的空荡荡的房间里，只有几只置放衣服的木柜和置放茶器的茶柜。他们就住在这简朴至极、与草庵相似的房屋中劳作、休息，终其一生。

但是，就在这简朴的木屋生活中，有着许多极其严肃的生活法则。我父亲——一位建造房屋的木匠，和他周围的许多工匠一样，都有所谓的"工匠气质"。他在家里虔诚地祭祀神佛，朝夕礼拜，对神佛的存在深信不疑。他对人对事都有自己的道德评判，相信一旦自己做了什么错事，哪怕是没有任何人看见，也会遭神佛惩罚。我认为这种信奉非常有益处，是战败后被我们丢弃的良好习惯之一。

石川啄木曾经感伤地咏唱道："工作复工作，生活犹不乐，两手无一物。"悲叹生活无情，但他同样视偷窃、欺诈、贿赂为耻，推崇勤恳劳作的人生，并希望全社会都以劳动为荣。他认为，劳动本身比赚钱更有意义。

我母亲是典型的家庭妇女，她朝夕围着灶台，成天做的就是洗衣、打扫、女红等家事。母亲对自己毫无欲求，不曾见她为任何功利之事留念动心。从母亲及住居附近的母亲的女友身上，我真正感受到《往生要集》中所言"若知足，虽贫亦可名为富；有财而多欲，则可名之为贫"。自17世纪本阿弥妙秀之后，这种生活态度成为一种传统文化，在无名的庶民之间脉脉流传。

最令人欣喜的是，与爱花的西行、爱鸟的良宽一样，对大自然的爱同样存在于这些市井大众的心里。日本人的房屋是开放式的，住在房中，可以感觉到自然季节所有细微的表情变化。母亲在家中狭小的庭院里种植了许多灌木、草、盆景，花开时，母亲便唤附近的女友来家里，大家围坐在花的四周，一边享受茶道，一边聊天。母亲会说："花开得真是很美呀，人活着，希望和这美丽的花儿再次相遇。"

我绝不是美化自己的母亲。对很多日本的普通民众来说，都有这样的亲身感受。如果现在到东京的下町（平民区）去，你会发现，即便是一些没有庭院的人家，也会在屋檐下放些小小的盆花，早晚浇水，精心养护，或者设置一个极小的自然空间，称为"坪庭"，在这小小的世界里享受大自然的变迁。

江户时代画家久隅守景有一幅描绘庶民生活的《夕颜棚纳凉图》，画中，在牵牛花盛开的棚架下，一对衣衫破旧的贫穷夫妇和一个天真烂漫的孩子坐在草席上，享受着劳作一天之后的天伦之乐。仔细玩味之余，可知自江户时代起，日本便已有了这种安于贫困、珍惜生命的文化传统。

母亲时常挂在嘴边的是"真浪费"，表面上听起来是劝人节俭，不要无谓地浪费，其实更含有"对神不敬，罪过"的意思。平时哪怕是一粒米、一叶菜，如果不是物尽其用，被白白地浪费掉，就是亵渎生命，是对神佛不敬的行为，是罪过。因而母亲对任何细小的东西都非常珍惜，仔细地收藏。

母亲一直活到日本进入经济高度增长的时代，看见一些成年人甚至小孩不爱惜东西，随手抛弃；对社会上物欲横流的丑恶现象，母亲叹息不已："真是可怕，这样糟蹋东西，会遭天罚的。"

现在，由于对大生产、大消费时代的反省，展开了废物再生的环保运动，这是历史潮流的发展使然。但在母亲来说，环境保护和自然生态保护，是理所当然的事。清贫不是单纯的物质匮乏，而是与自然共有生命，与万物同生。

现在地球上虽然有一些国家比较富有，但大多数国家仍然处于发展之中，更有一些国家买不起粮食、木材、石油之类日常物质。母亲认为，富裕国家一方面大量囤积，一方面无谓浪费财物的做法，是一种罪孽深重的行为。

日本关东地区的农民有"杀物"一词。每当因故没有让作物完全成熟，中途就不得已将之废弃时，他们就会说："这真是杀物呀！"因为在他们心里，确实觉得眼前的农作物也是活生生的生命体，自己是在屠杀生命。

今天，这类字眼已经彻底地销声匿迹了。所有的农产品都成为商品市场的生产品，一旦蔬菜价格暴跌，就用拖拉机把农田里成熟待割的作物残酷碾碎。真是"杀物"！

我觉得，将自然赐予的一切视作天赐地善加利用，和将一切物品都视为商品生产物无情消耗，两者对物质的态度是大相径庭，只有前者，才会产生"真浪费"和"杀物"这样的词语。

由于对大生产、大消费时代的反省，废物再生和环境与生态保护，已经成为现在面临的严重课题。德国的绿色和平组织主张厉行节约，回归自然的人生态度，在我们的祖先看来，这根本就不需要大力宣传，就像高山流水、春暖花开一样地自然。清贫，是人生必须遵循的生活守则。

可是有着如此漫长的优秀文化历史的国家，战后三十年间，都一味追随欧美工业社会大生产、大消费的社会形态发展，对于这种毫无批判的盲目追随，现在已经是进行认真反思、严肃批判的时候了。社会各行业、各阶层都开始认识到这个问题了。我虽然地位卑微，但作为一个从事人文研究的学者，希望通过自己的努力，使更多的现代人重新拾起"清贫思想"的优良传统，并从中发现未来生活的真理。

地球上的资源是有限的，北方的富裕国家大量消费的话，南方的贫穷国家就会陷于资源短缺匮乏的困境。北南经济差异已经在世界上许多地方引起摩擦和纠纷。但究竟如何才能改变这种可怕的状况呢？

我认为，解决这种矛盾的根本出路在于，大生产、高消费的北方国家必须真正地和南方国家共存共荣。虽然有人会嗤笑我这是痴人的呓语，但这却是"清贫思想"的一贯主张。光悦的母亲妙秀曾经说过："只要世间还有一人为贫穷所苦，就不能一人独富。"

从物欲的束缚中解放自己，反而可以让我们的心灵更自由、更有活力。这已经在许多古人的事例中得到证明。他们告诉后人，人的精神品位比权力或者富贵具有更高的价值；脱俗是跨入高雅之门的前提；从欲望中解放自己会引导人走向生命的本原。

我母亲那一代一息尚存的崇尚清贫的文化传统，是否到我们这一代就彻底消亡了呢？只要我们中的大多数人真正转型，从物质中解放出来，哪怕是在夜深人静的睡梦中，世界将变得焕然一新。

二十三 人的需要并不多

我在这里谈论日本古代的文人,并不是为了崇古贬今,彰显过去,思慕古人的遗风,并从中得以领略他们的思想精华,可以借此形成批判现代文明的助力。如果文化只是一味地风花雪月,那么,现有的这些诗歌、绘画便成为真正的古迹,变成一堆供人赏玩的死物。而对现代人来说,如果文化只是些不能用数字来表达的陈词滥调,那就毫无意义。但我想说:"不,文化是活的,是活着的每个人的精神支柱。"

对我来说,这些文人、禅僧的诗歌和思想,并不是早已逝去的远古故事。他们的生命也许在几百年前已经死亡,但他们思想的生命力却穿越时空隧道,比目前社会各种热闹炫目的报纸杂志更坚强地存在于每一个有识之士的心里,他们的思想依然充满活力。而且,我认为他们的生活方式和思想方法对已走入绝境的现代文明有许多珍贵的启示。

遗憾的是,二战结束以后的日本并没有继承我们祖先遗留下来的这份宝贵的思想财富,相反,是对此一味地抛弃、否定、破坏。终于到了目前不得不正视困境的地步。

之所以会这样大方向地偏离自己国家的文化传统，是因为战争结束时，昔日繁华的都市被炮火夷成了平地，高楼林立的街道，化为一片燃烧的原野，人们流离失所，只想着如何尽快地摆脱饥寒，从废墟上站起来，根本无暇进行认真的文化反思。这在当时，是情有可原的。

这些被迫站在废墟上的人，当然要寻找食物、衣物和住所，这是人的本能要求。这种提高生活水平的欲望，激励着人们开始走向经济复兴的道路。

在我的记忆中，直到战后第十个年头，即1955年，国民才彻底摆脱了饥馑之苦。城市里建起了一些称作"团地"的宿舍区，一些初始阶段的家用电器也开始上市，虽然还很穷，但总算开始具有现代生活的雏形。我三十岁那年，买彩票中了奖，幸运地得以搬进四张半榻榻米和六张榻榻米大小的两间房间，另有浴室和厨房的"团地"住宅。我曾为自己的幸运欢喜雀跃了好一阵子。当时，所谓的"三大神器"的洗衣机、冰箱、电视机，是文明生活的标志。对经历了战后物质极度匮乏时期的人来说，是相当令人满足的，可以说已经完全满足了《徒然草》中所举的人间生活的基本条件。

> 细思之，人身不得已而为者，乃食、衣、住也。人间大事不过此三者。不饥、不寒、不畏风雨，闲适度日，人之乐也。然而，人皆有病。罹病则其苦难耐，不可忘医疗。前述三者，加上医药，则为四。此四者不能求得，是为贫；四者不缺，即为富。更求四者之外，即为骄。以此四者俭约为生，

谁曰不足!(第123段)

以此为标准的话,当时日本人的生活已经有了最基本的保障。已是"即为富",对当时的生活状况,我们夫妇都已十分满足。

可是,欲无止境,一个阶段的目标实现之后,更新的目标层出不穷。街上充斥着刺激人购买欲的广告,钢琴、音响、汽车,还有漂亮的住宅,似乎都唾手可得。从此,我们被欲望彻底地俘虏,在称呼上也已不再是平凡意义上的人,而是成了一群"消费者"。

记不真切这个奇妙的词汇究竟源出何处,但"消费者"这个轻视人的说法似乎起源于1956年,以经济增长为国家最高目标的时期,一个大量生产、大量消费的时代开始了。所有的国民一夜间都成为大生产运动中的终结一环——消费者。人们根本没有冷静思考的余地,去选择人的真正需要。

我不是经济史学家,不知该用什么专用名词。我想,这时期的生产原理,从人的立场来看,并不是为人类生活的幸福所需而制作,而是只要技术允许,有市场需求就大量生产。产品畅销与否是成功的唯一标准。没有人去考虑这是否会破坏人生的幸福。举个例子来说吧,给孩子们玩乐的电子游戏机在市场上大行其市,作为商品,它带来了巨额的利润。但孩子们会受到什么样的损害呢?没有人会去关心。弗洛姆对此有一段很精辟的评论:

> 往昔,人所拥有的东西,都会受到重视、整理,只要能用,就会用到最后。购物是"长久持有"的购物,大抵适用于19

世纪的标语——"旧即是美"。然而今日,不是保存,而是强调消费,购物变成"用完即弃"的购物。买的物品不论汽车、衣服或小器具,稍用即厌,于是热衷于处理"旧货",再买更新型的物品。取得→暂时持有→使用→放弃→新的取得,将形成消费者购物的恶性循环。今天的标语正在变成"新即是美"!(弗洛姆《生命》)

如果以欧美工业社会为摹本的话,大量消费自然是促进社会进步的有利因素,日本也正在朝这个方向亦步亦趋地跟进。但就在我母亲生活的年代——距今不久的战争之前,人们珍惜任何东西,认为善加利用是美德,浪费被看成是恶行,是罪过。现在在日本,孩子们对新买来的玩具丝毫也不珍惜,大人们也从不教育,更不会责罚他们。玩具到手,被孩子们三弄两弄就弄坏了,于是就吵吵嚷嚷地要大人再去买新的。父母们宠惯孩子,在他们幼小的心里从小就养成了不知惜物的不良习惯。

不久前,日本还有所谓"大型垃圾抛弃日"。规定在这一天时,可以将家庭中不用的家具、缝纫机、电视机、冰箱、沙发等"垃圾"丢弃到指定地点。望着大型垃圾场里堆积如山的"垃圾",我的心里真是非常伤感。缺乏信仰的现代人啊,真该是好好地反省自己的时候了。

这时,我曾经想到,如果这些东西被放在印度街头,会是一番什么样的景象呢?一念及此,心里不由得充满了罪恶感。

然而,生活在这样高度浪费的国度里的人民,真的人人都是坐拥无数金钱、坐在豪华轿车里的富豪了吗？答案是：不。

物质高度发达，但普通民众的生活依然是十分贫困。像日本这样的"发达国家"在全世界少见。比方说吧，现在日本普通职员的薪水比欧美社会大概是只高不低的，但即便是你辛勤工作一辈子，也买不起城市里的一间房。都市中心那鳞次栉比的高楼大厦都是办公大楼，不是供人居住的。职员们一般都住在都市角落狭隘的宿舍里，如果想要单门独户的住房，更只好搬迁到远离都市的农郊地区去。每天夜里，市中心白天熙熙攘攘的人群消失得无影无踪，楼宇间夜风"呜呜"地吹过，真叫人不寒而栗。而每天早晨，通往都市中心的电车每一辆都挤满了上班去的职工，人们前胸贴着后背，必须这样痛苦地挨上一至两小时。日本工业社会的繁荣就建立在这种个人的痛苦和牺牲上。

房产价格惊人。因此，不论是在宿舍区中忍耐，或者是已经在遥远的郊区置下房产的人，大部分人都要为解决住房问题操劳一辈子。如果你健康且辛勤工作，也许尚有真正拥有单门独户住宅的可能。一旦生病或失业，全家人可能会露宿街头。

市场上的商品虽然是铺天盖地，但是在生活上最为重要的住宅、养老福利、就业安定等方面，日本还相对滞后。日本是贸易输出大国，每年都有大量的贸易盈余，但对普通庶民，那不过是一堆毫无实际意义的抽象数字而已。

日本已成为一个巨大的工业社会，但它没有给人们的生活带来真正的富裕，让人觉得根本就是一种结构性的疯狂。物质的无谓浪费给人的印象是荒废多于富裕。看到那些被随手抛弃的物质，不免令人心寒：我们的生活难道就建立在这些如此脆弱的物质基础上吗？

　　物品横溢，并不曾带给人们真正的幸福，人性在物质的过剩过程中被窒息了。让我们再度回到起点，探讨一下人的真正需要，对盲目追求物质繁荣的现象来一番深刻的反省。我想，现在已是时候了。

二十四 重构一种生活方式

要真正回归人的本性，就必须重新反省生活的本来意义究竟是什么。即便你对整个社会的潮流无可奈何，众人皆醉，还是应该去寻找属于自己的生活方式。既然物质的丰富不能给我们带来真正的幸福，那么，我们就需要对自己负责，用自己的意志去重构一种生活方式。

在对外国人讲演日本文化时，我时常会以"日本文化的一个侧面"为题。我认为外国人对日本的了解，不能仅仅停留在电器制品或现代商品制造者身上，还应该看到，日本古代，另有一种与现代潮流截然不同的清贫思想的存在，虽然在今天的日本已经很少有人了解这种思想。我向外国人宣传这种思想的最终愿望是能够反馈回日本，就像投掷回力棒一般，投出去后最终回归自己。

也许我们做不到像前面书中提到的那些先贤那样，彻底舍弃物质，像良宽一样住在五合庵的草庵里。充其量我们只能像解良荣重那样一边过着世俗的生活，一边心存高远，在良宽偶尔来访时，"与师一夕语，则觉胸襟清"，不过是期望能稍稍接近自己心目中的理想境界而已。

不过，我相信，对这些先贤的精神，知与不知，实在是有天壤之别。

"从世，则心为外尘所夺易惑；与人交，则言随外闻而不在心。"随波逐流的生活与积极选择自己的生活方式，二者在本质上是完全不同的。

像我们这些从战败后废墟中走出来的人，为了摆脱穷困，拼命地工作，希望生活得富足一些，这本来是自然而然、无可厚非的事。但凡事都必须要适度，犹如一辆载满物质欲望的列车，顺着坡道滚滚前进，把一切传统文化和精神都碾到车轱辘下面的话，这就是民族灾难了。当初为了追求利润，只要技术上允许，就无限制地扩大生产，没有人会怀疑这种经济效益至上的做法最终会造成什么结果。

物质的高度繁荣，并没有给我们的生活带来真正的充实。这正是生活在物质过剩时期现代人认真反思生活本质的良好契机。西行、兼好和良宽们，放弃了俗世的权益和金钱，在舍弃中发现并且得到了真正的喜悦。而我们因为亲身体验了物质过剩的种种弊端，从而认知了为物欲所惑的无益。我们这些愚顽的人，为了这发现竟然花费了战后整整四十年。

《徒然草》第120段有这么一段话：

> 世间礼仪皆难避免。若不能忽视俗世礼仪，必欲遵行，则愿多身苦，而心难闲；一生势必为小节琐事所拘，徒然度过。日暮途远，吾生已蹉跎，当是放下诸缘之时。不必守信，不必拘礼。不识此心者，谓之癫狂，可也；视为昏昧无情，亦无不可。毁之不以为苦；誉之亦不足以闻。

"吾生已蹉跎"，再也不能这样下去了。今后必须放下诸缘，不理会俗世间的繁复义理和规范，只为自己，为自己灵魂的平安而活。

在今日日本，到处都有眼睛看不见的礼仪存在。无论是日常家居生活、交际、服装、交友各方面都有无形的框框约束，婚礼上，人们依司仪之言，鼓掌、起立、坐下、照相，所有这些程序，既不是法律所定，也不是制度所为，而是一种社会的普遍心理约定。如果你不遵守，就会被抛出社交圈。年轻的公司职员在这方面似乎约束更严，他们甚至在携带物品、发型、遣词用句、话题方面都严格地从众而行，不敢越雷池半步。兼好如果在世，见这些年轻人竟然舍己随俗到如此地步，一定会深深地叹息说："一生势必为小节琐事所拘，徒然度过。"如果我们顺从兼好"放下诸缘"的劝诫，会发现世界上繁文缛礼何其多！

20世纪50年代，私人小汽车被看作是生活富裕美满的象征。然而时至今日，马路上车流滚滚，带来的只有交通阻塞、噪声和污染。再高级的电视机，播放的节目却尽是些空虚而又下流的娱乐节目；电器和汽车对海外的大量倾销，带来的只是对日本的敌视。贸易盈余究竟能给我们带来什么？

现代文明就像晕眼药，使我们的目光从内省转移到尘世。"一生势必为小节琐事所拘，徒然度过。"但如果有人知道自己明天就将死亡，那他今天还会看电视吗？既然不知道死亡何时降临，那就需要保持面对死亡时仍然可以充分肯定自我的心理准备。对我来说，前面列举的这些先贤的思想与生活方式，在这意义上可以视为最纯粹的为灵魂而活的典范。

从他们的文章中，我们已经感受到他们强烈的生命活力。道元的《正法眼藏》一文，说理清晰，用词优美，我曾反复读过好几遍。

生非来，生非去。生非现，生非成也。然生全机现也，死全机现也。当知，自己在无量法中，有生有死也。

　　生者，如人之乘舟。此舟乃吾升帆，吾掌舵，吾操棹，但舟载我，舟之外无我。吾乘舟，使舟为舟。当功夫参学此正当恁么时。此正当恁么时莫非舟之世界。天水岸皆舟之时节，与非舟之时节不同。故，生，吾所生也，使我为生之我也。乘舟时，身心依正，皆舟之机关也。尽大地，尽虚空，皆舟之机关也。生之吾，吾之生，皆如此。(《全机篇》)

是禅机，所以我们无法洞悉全意，但反复诵读，也许可以稍解其意。生不在未来，也不在过去，只在完全活用此时此地之中。对这样生活的人来说，"天水岸皆舟之时节"，皆"全机现"。记得弗洛姆也说过同样的话：

　　现在是过去和未来的连接点，是时间的边界，但与它所连接的两个领域在本质上没有不同。

　　存在未必在时间之外，但时间并不是支配存在的根本。画家必须与颜色、画布与画笔配合，雕刻家则必须与石块和刻刀配合。可是，他们的创作行为和他们所欲创造的梦想却超越了时间。这是在刹那间或许多刹那间产生的，可是在这梦想中，并不能体验时间。同样道理也可用于思想家身上。写出思想，是在时间中发生；心里蕴藏时，则在时间之外。爱、喜悦、把握真理的经验，是在此时此地发生的，"此时此地即是永恒"。不过，永恒并不是一般所误解的可无限延伸的时间。
(《生命》)

这样为充实此时此地的时间而活的生命即是"全机现"。对他们来说，所有是什么？那些在"所有"世界中奔走的人，只是些可怜的欲望的奴隶。让身心从紧紧捆绑住自己的"所有"中解放出来，以一无所有之身去面对天地！离开时间，好好珍惜这永恒的此时此刻。

> 难得一叶飞翔
> 玩弄永恒的时间
> （三好达治《百次之后》）

日本现代诗人三好达治在一个冬天的清晨访问庆州佛国寺，当他的目光越过古寺那壮丽的屋檐时，忽然看见，在清澄湛蓝的晴空中，有一片从树梢掉落的树叶，缓缓地在空中飘舞滑落。诗人顿时领悟，这无常的飞翔即是永恒的一瞬间。

这也就是芭蕉所言，"止者，见闻也。飞花落叶之散落，若不在其中见闻，无由知悉。活者自消失无迹"的意境。三好达治在他的另一首诗中表现了那同一时刻的心理体验。

> 冬　日
> ——庆州佛国寺畔
> 啊，智慧，在这沉静冬日

在意外的时间突然来临

在人影断绝之境

在山林

即使在精舍院庭

没有预示,突然现形

此刻,轻声言说

"沉静的眼,平和的心,除此而外,

世上有何宝?"

……

清晨是多么沉静

树木全裸

二三鹊巢出现树梢

影子清明,天空碧蓝在头顶

可以看见远山起伏

紫霞门暴露于风雨的圆柱

那正是冬日的景象,今晨泛黄的阳光

山岚缓缓消逝在朝霞间,那遥远的青青山脉

在那先是清明,终至模糊的深处奏出溢满空间悠远的乐曲

将地上的现实渡向虚空的梦土

在一个宁静的冬日清晨,智慧之神突然降临,附耳轻言说:"沉静的眼,平和的心,除此而外,世上有何宝?"

读这样的诗，心里感到十分欣慰。芭蕉在《笈之小文》卷首所说的"西行之和歌，宗祇之连歌，雪舟之画，利休之茶，其道一也"的文化传统在今天总算没有湮没在金钱世界的滚滚红尘中，江山代有贤人出，三好达治可算其中一位。

优秀的传统文化，是祖先遗留给我们真正值得夸耀的宝藏。

（京）新登字083号

图书在版编目（CIP）数据

清贫思想/（日）中野孝次著；邵宇达译.—北京：
中国青年出版社，2015.3
ISBN 978-7-5153-3043-3

Ⅰ.①清… Ⅱ.①中… ②邵… Ⅲ.①个人—修养—通俗读物
Ⅳ.① B825—49

中国版本图书馆 CIP 数据核字（2014）第 291016 号

北京市版权局著作权合同登记　图字：01-2014-7907 号
SEIHIN NO SHISO by NAKANO Koji
Copyright © 1992 by Kanagawa Bungaku Shinkokai
All rights reserved.
Original Japanese edition published by Soshisha Publishing Co., Ltd., 1992
Republished as paperback edition by Bungeishunju Ltd., 1996
Chinese (in simplified character only) translation rights in PRC reserved by
China Youth Press, under the license granted by Kanagawa Bungaku Shinkokai, Japan
arranged with Bungeishunju Ltd., Japan through Bardon-Chinese Media Agency, Taiwan.
Chinese Simplified Version Copyright© 2014 by China Youth Press

中国青年出版社 出版　发行
社　　址：北京东四12条21号　　邮政编码：100708
网　　址：http://www.cyp.com.cn
责任编辑：刘霜Liushuangcyp@163.com
编辑部电话：（010）57350508
发行部电话：（010）57350370
三河市君旺印务有限公司印刷　新华书店经销
700×1000　1/32　7.5印张　1插页　200千字
2015年3月北京第1版　2015年3月第1次印刷
定　　价：28.00元
本图书如有任何印装质量问题，请与出版部联系调换
联系电话：（010）57350337